青少年环境与科学知识读本

塑料的足迹

塑料对现代生活的影响

［加］雷切尔·索尔特（Rachel Salt） 著　吴　健　译

中国轻工业出版社

一只橡胶靴子被冲到桑德岛的海滩上，
桑德岛是中途岛的一部分。

塑料的足迹
塑料对现代生活的影响

[加] 雷切尔·索尔特（Rachel Salt） 著

吴 健 译

中国轻工业出版社

目录

引言

你知道自己一天之内会扔掉多少塑料垃圾吗？不太确定？那一年呢？甚至一辈子？我想你大概没有概念。虽然塑料强度高、韧性好、价格便宜，是一种出色的材料，但我们大多数时候还是不假思索地将它们扔进垃圾桶里。

长此以往，塑料垃圾越堆越多，包括糖果包装纸、塑料水瓶和涤纶衬衫（没错，超过60%的衣服都由塑料制成）。平均每个美国人每天会生产2.58千克垃圾，其中13%为塑料垃圾。也就是说，短短一天之内整个美国便会增加37 729 282千克的塑料垃圾。

塑料垃圾的影响不容小觑，它会阻塞水路，也会让海洋生物窒息而死。每年有800万吨的塑料垃圾排入海洋。如果用海岸线来衡量塑料垃圾的数量，意味着海岸线上每英尺（即30.48厘米）的距离，都能摆上5个装满塑料的购物袋。然而，塑料带来的问题并不只有产生垃圾这么简单，塑料的生产过程同样也会危害我们的环境。这本书不仅将带你一起调查塑料垃圾的污染问题，也将揭秘塑料的生产过程如何增加碳排放，又如何影响人类的健康。

在本书中，你可能会看到一些骇人听闻的数字或是图片，但我们的目的并不是制造恐慌，而是呼吁大家行动起来，并给大家提供一些指导，教你理性地分析自己使用塑料的情况，从而减少塑料的消耗。不论是那些可以陪伴你很久的物品，如汽车或是你心爱的玩具，还是吸管或咖啡杯这样用完就扔的一次性用品，如果稍加调查，你就会发现被丢弃的塑料垃圾会堆积成山，以后你就会有意识地采取措施，降低对塑料的依赖。

同时，我们也希望本书能给你带来一些小启发，帮助你日后在更广阔的天地大显身手。我们剖析了当前存在的塑料治理体系，让你更好地了解应对塑料问题的现有方案，以及它们的优势与不足。

塑料的足迹是什么

塑料的足迹是一套度量标准，用来衡量全球成堆的垃圾中，有多少塑料垃圾是你的生活方式所带来的。可以类比成"碳足迹"这一概念，但稍有不同的是，塑料的足迹涉及的是你一生中接触的所有塑料物品。

有关塑料足迹的定义，我们会在第四、五章结尾具体展开。总的说来，衡量塑料足迹的方法为"塑料垃圾审计"，即记录你在某段时间内扔了多少塑料垃圾。其中包括笔记本电脑等长期使用的物品，也包括使用寿命只有几分钟的一次性用品。通过衡量塑料的足迹，你就能计算出一年之内，或者你的一生中，会扔掉多少塑料垃圾。

塑料的足迹衡量起来并不容易，很多数据都是根据你当前使用塑料的情况估算得来，而不同时期使用塑料的数量并不一定相同。计算出来的结果可能无法考虑到这一特殊性，不过衡量塑料足迹的初衷是为了提供一个总的概况，让你大体了解一下自己使用塑料的情况。

为什么要衡量塑料的足迹

只有衡量之后才能更好地去控制生活中的塑料使用。本书刚好为你提供了一个机会，你可以判断一下你使用塑料数量的下限有多高，并努力往积极的方向做出改变。通过对塑料垃圾的自查，我们会在日后的生活中对自己所做的选择和所丢弃的东西多些思考。

第一章

塑料概述

塑料无处不在，与我们的日常生活息息相关，很难想象没有塑料，世界将会如何运转。塑料进入人们生活的时间并不算长。那么塑料到底于何时问世？再者，塑料到底是什么？这一章将是一堂速成课，带你了解这一独特发明的起源。

塑料的历史

过去60年间，大量塑料制品的出现标志着塑料产业的蓬勃发展，但究其起源，还得追溯到150多年前。

台球

塑料的诞生令人意外，其起源与台球有关。事实上，如果不是因为台球，可能不会有现代人所熟知的塑料。台球曾风靡一时，19世纪中叶，单单芝加哥就有830家台球馆（据估计，如今整个美国都不足1400家）。那时制作台球的原材料为象牙，平均一根象牙只能做成3个台球，却有一头大象会因此而死。随着

（左图）俯瞰美国加利福尼亚州贝克斯菲尔德的克恩河油田，绝大多数塑料制品均由石油等化石燃料制成。

*注：1美元≈7.18人民币
1美元＝100美分

这是20世纪50年代的一则杂志广告，宣传梅尔马克（Melmac）*的耐用性和多功能性。

*注：梅尔马克是一个餐具品牌，其产品由三聚氰胺树脂制成。

象牙的需求量日益增加，大象也面临着灭绝的风险。台球行业的商人担心，未来象牙短缺，没有原材料，造不了台球，台球桌将空空如也。美国台球之父迈克·费伦（Michael Phelan）对此满怀忧虑，1863年，他在报纸上刊登了一则广告，希望有人能找到合适的象牙替代品，他将奖励成功者1万美元*（相当于现在的300万美元）。

约翰·韦斯利·海厄特（John Wesley Hyatt）是一位业余发明家，他接受了这一挑战，最终创造出一种全新的材料，名为"赛璐珞"（celluloid）。赛璐珞由棉花中的纤维素合成，被认为是世界上最早的塑料之一。遗憾的是，海厄特并没有因此赢得奖金。由于赛璐珞不像象牙一样具有弹性，做出来的台球并不理想。不过这一材料有许多其他用途，包括做梳子和胶卷等。

以赛璐珞为灵感，许多塑料发明随之问世。电木［1907年由利奥·贝克兰（Leo Baekeland）发明］是世上第一个完全由化石燃料合成的塑料。

第二次世界大战

第二次世界大战期间，节约资源至关重要，天然橡胶和丝绸等物品都实行定量配给。这为合成材料的崛起提供了契机。

战争期间塑料的生产量增加了300%。军队需要用塑料来制造降落伞、头盔衬垫、火箭筒等，甚至连原子弹也含有塑料。

"化学让生活更美好"

战争推动了许多工业塑料产品的发明和生产，随后的几十年它们成了大众消费品。化学公司巨头杜邦有着这样的广告语，"化学，让产品和生活更美好"，这句话有助于我们了解那段历史的本质。塑料为无数产品的诞生带来可能，而设计这些产品的初衷，就是为了让现代人的生活变得更加轻松。塑料既便宜又卫生，质量轻，还相对安全，最重要的是，它可塑性强，能被塑造成任何我们想要的形状。

全球塑料生产量（1950—2015）

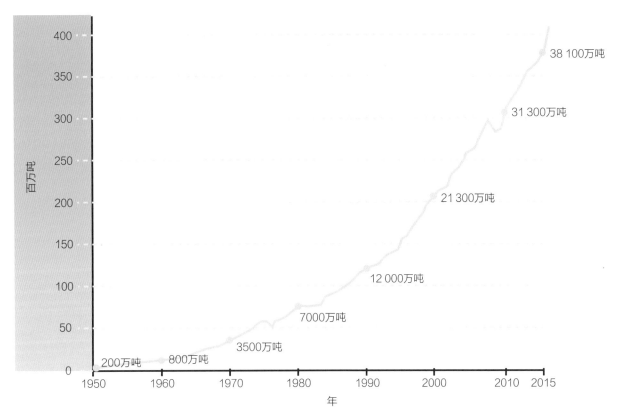

1950年以来，塑料这一"理想材料"的全球生产量翻了190倍。2017年，单单美国就生产了3200万吨塑料。现代的塑料到底是由什么制成的呢？下一节将探究塑料的制作过程。

化石燃料：塑料的起源

你知道吗？99%的塑料来源于化石燃料。尽管人们对生物塑料（植物加工而来的塑料）的兴趣日益增加，但大部分塑料仍然来自石油和天然气（有时是煤炭）。化石燃料工业和塑料工业有着千丝万缕的联系，所以要了解塑料及其对地球的影响，关键在于如何在全球范围内进行化石燃料的提取、加工和运输。

化石燃料并非真的来自化石，而是植物和动物被埋在沙子和岩石之下，而后分解得来。经过数百万年，沙子和岩石在腐烂的动植物周围，产生压力和热量将其变成我们所使用的燃料。

提取

从地下提取化石燃料资源需要先钻探。钻探即是在地面上钻一个洞，以形成石油和天然气井。开采公司不是简单地随意钻个洞就能找到石油，石油和天然气所在的具体位置需要由地质学家通过探井进行评估。勘探可以通过多种技术实现，诸如地震勘测（发出的声波从地下岩层反射回来，可以由此提供岩石类型及底下可能存在的气体和液体的信息）、岩心取样（土壤和岩石样本可以反映出油气的可能储量）。油井既可以在陆地上，也可以在海洋中央的海底。

一旦确定石油和天然气的位置，钻井工就会用钻头和钻杆在地面上钻出一个垂直的井洞。有时，位置上方恰好是居民区，钻井工就会以特定的角度钻井，接着再把一种叫作"钻井泥浆"的物质灌入井中循环，有助于移走岩石。一旦井洞达到所需的尺寸和深度，就要把钢质套管下入井内，再注入水泥浆，以防坍塌，然后在套管上穿出小孔，这样石油或天然气便能顺利流入井中。

煤炭可以制成塑料吗？

简单来说，可以。煤炭可以转化为制造塑料所需的化学物质，但这一过程会消耗大量的能源和水，产生大量的排放物，成本也相当之高。

页岩气是天然气的一种，通过压裂法进行提取。压裂法是从页岩中提取天然气的方法，这种方法通过在高压下注入水和其他化学物质，直到岩石裂开，释放出天然气。

石油

2019年，世界石油日均产量超过8000万桶。根据"世界经济论坛"的数据，石油消耗中，塑料生产占4% ~ 8%。其中，一半用于生产塑料制品，而另一半则作为能源用于制造塑料。即使保守估计，4%也意味着全世界每天至少有300多万桶石油用于制造塑料。

桶（barrel），英文简称为 bbl，是原油和其他石油产品的体积单位。一桶大约相当于 159 升。

一桶石油相当于？

72升汽油

美国旧金山　　　　　　　　美国洛杉矶

519千米

你可以驾驶一辆中型汽车行驶519千米，大约是美国旧金山到洛杉矶的距离。

15升航空燃油

4秒

飞机大约可以飞4秒钟（一架波音747飞机每秒需要消耗大约3.785升燃料）。

8500个塑料袋

× 8500

1700千瓦·时电

能给你的手机夜间充电长达242年。

242年

天然气

与液态的原油不同，天然气是气体！因此天然气的单位不是桶，而是立方米。据估计，2018年天然气产量为3.9万亿立方米。专家估计，其中1.8%用于生产塑料，这意味着每年有702亿立方米天然气用于制造塑料，可以灌满2800多万个热气球。

那么天然气到底由什么构成呢？天然气的主要成分是甲烷，除此之外还有其他几种化合物。下图为天然气的主要成分。

在塑料的制造中，乙烷是天然气中最重要的原料，通过"蒸汽裂解"可以将其转化为乙烯（这点后续会涉及）。乙烯的聚合物链会形成聚乙烯，而聚乙烯是塑料包装的主要材料。

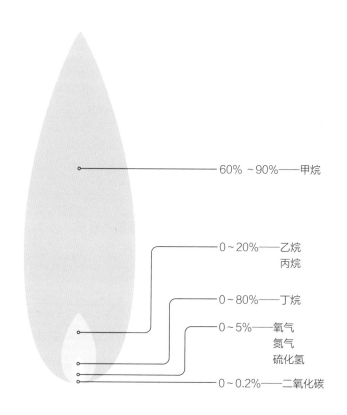

60% ~ 90%——甲烷

0 ~ 20%——乙烷
丙烷

0 ~ 80%——丁烷

0 ~ 5%——氧气
氮气
硫化氢

0 ~ 0.2%——二氧化碳

甲烷与气候变化

甲烷（化学式为CH_4）是由一个碳原子和四个氢原子组成的简单分子，也是一种强效的温室气体，对气候变化影响巨大。这种气体比二氧化碳（化学式为CO_2）对大气变暖的影响更大。事实上，甲烷被释放到大气中的前20年里，吸收的热量是二氧化碳的84倍。科学家们曾经认为，大部分甲烷排放来自牲畜，主要是牛的屁或嗝（并非玩笑）。除了农业是甲烷排放的一大源头，最近的一项研究显示，水力压裂技术排放了相当数量的甲烷，也加剧了后续的气候问题。

运输

只有部分地区可以开采石油和天然气，但全球都需要石油、天然气来作为燃料生产产品。作为塑料的原料，石油、天然气是如何运输的？从本质上讲，油气公司有4种不同的运输方式：管道、海运、火车和卡车。

- **管道**。美国拥有世界上最大的管道网络，70%的原油和石油产品通过管道运输。如果你把美国所有的天然气和石油管道连在一起，长度将达390万千米。试想，我们与月球的距离不过384 472千米，而管道的总长度相当于往返月球5次。
- **海运**。国际上61%的化石燃料（约每天5800万桶）通过海路运输。按质量计算，油轮占世界海运总量的28%。其中远程油轮最为常见，一艘远程油轮可以运输31万～55万桶原油。
- **火车**。2018年，火车运输原油超过2亿桶，仅占美国出货量的3%。
- **卡车**。卡车用于短距离运输石油和天然气，占石油和天然气运输量的4%。

阿拉斯加输油管北起普拉德霍湾，南至阿拉斯加湾瓦尔迪兹，跨越三座山脉，全长1287.5千米。

石油和天然气运输过程中会产生碳排放，进一步加剧了塑料对环境的影响。如果在开采或运输过程中发生灾难事故，化石燃料产生的影响会更直接，也更可怕。

开采和泄漏

作为塑料的原材料，石油和天然气在开采和运输时可能会发生意外，甚至会对环境造成重大影响。不幸的是，这些意外相当普遍，可能发生在钻井点、炼油厂，也可能发生在管道中，或是运输的船只上。泄漏造成损害的程度，取决于泄漏发生的地点及泄漏物的化学成分。

水中的污染通常比在陆地上严重得多，由于扩散范围广，且无法有效遏制，从而危害更多生物。泄漏直接危害动物和其他野生生物，特别是海洋哺乳动物和海鸟，它们必须不断透过水面呼吸，因而受到的影响也最直接。泄漏的石油会被生物摄入体内，石油在身体组织中积累，可能会导致DNA变异或损伤、心脏衰竭，甚至导致卵和幼虫死亡。

泄漏也间接影响着野生生物。海洋生态系统非常复杂，物种间彼此相互作用、相互依存。泄漏不仅会导致一个物种死亡率增加，还可能产生连锁效应，改变生物群落结构，包括捕食关系、放牧模式和竞争动力等。

石油泄漏事故发生时，大批工作人员会聚集在海岸线上为海鸟进行清理和擦洗工作。石油公司会部署围油栏来控制泄漏情况，或放火燃烧泄漏的燃料，或用化学分散剂把石油分解成小块，或用撇油器来清除泄漏的石油。

在路易斯安那州巴拉塔里亚湾，一只满身油污的海鸟挣扎着爬过围油栏。

拉克梅冈蒂克（Lac-Megantic）的铁路灾难

2013年7月，加拿大魁北克省拉克梅冈蒂克湖城镇，一列载有约800万升原油的火车在市中心脱轨。近600万升原油从油轮中泄漏，引发爆炸，造成47人死亡，城镇的大部分地区被夷为平地。大约有10万升原油泄漏到邻近的绍迪耶尔河（Chaudière River）中。人们担心，此次泄漏事件对该地区野生生物以及下游居民的影响将持续很长一段时间。

"深水地平线"爆炸事件：墨西哥湾漏油事件

2010年4月，英国石油公司在墨西哥湾的石油钻井平台发生爆炸和火灾。事故造成11名工人死亡，估计有490万桶石油流入海洋。尽管事故发生在4月20日，但该公司直到7月15日才封堵油井，并在9月19日永久封堵。

针对此次石油泄漏的规模，科学家们众说纷纭。一些人认为，大多数石油仅仅停留在海面，只有10%蔓延到了墨西哥湾。即使如此，这次事故还是影响了超过1600千米的海岸线。其他科学家在报告中表示，在海洋底部发现了一层厚厚的油污，面积为4660平方千米，里面有死亡的海星和其他生物。美国鱼类和野生动物管理局的记录显示，漏油事件发生后的一年内，共有超过6100只海鸟、600只海龟和153只海豚相继死亡。

"深水地平线"爆炸事件后，救援人员试图用船只灭火。

但救援方法真的行之有效吗？在平静的水域，面对小规模泄漏可能尚有几分帮助，但对于大型泄漏则如同隔靴搔痒。例如，2015年加拿大温哥华市的一项研究显示，如果大型船只或管道在加拿大不列颠哥伦比亚省南部海岸发生泄漏，即使在平静的水域，从海面收集和清除石油也将是一大挑战，而且收效甚微。

至于清理那些遭受污染的动物，这种清洁本身往往和石油一样致命，可能伤害动物的免疫系统。1996年的一项研究中，研究人员追踪了被石油污染的褐鹈鹕，以及那些清理后放生回野外的鸟类。大多数鹈鹕难逃一死，或是无法继续交配。科学家得出结论，清洗鹈鹕无法挽回石油对鸟类繁殖功能造成的损害。

清理工作，只是让人类自我感觉良好，因为表面上看，我们确实在努力补救，只有做点什么才能心安理得。但总的来说，这些花费高达数十亿美元的巨额项目并没有起到什么实质性的作用，而且目前没有办法能真正清理漏油。

如何制造塑料

制造塑料需要经过几个特殊而复杂的化学过程，但从本质上讲，从地下提取化石燃料后，需要经过4个主要阶段：精炼、裂解、聚合、加工成塑料球。

从化石燃料到塑料

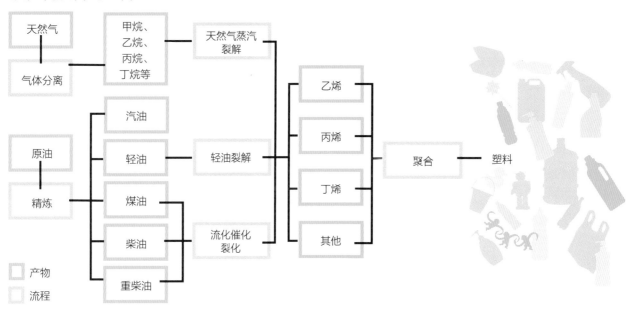

> 碳氢化合物是氢原子和碳原子组成的分子的统称。

精炼

天然气和石油的精炼过程有所不同。未经处理的天然气由碳氢化合物（甲烷、乙烷、丙烷、丁烷、戊烷）、水蒸气和其他化合物（硫化氢、二氧化碳、含氮化合物、含氧化合物等）组成。通过复杂的精炼过程去除水和杂质，最终产生精炼的液化天然气（NGLs），例如乙烷就是塑料生产中最重要的天然气原料。

至于石油中的原油，它是各种碳氢化合物的混合物。原油本身在精炼之前并不实用。炼油完成后，原油转化为汽油、柴油、航空燃油和轻油（一种易燃液体，主要用于稀释原油或充当燃料）等石油产品。精炼过程中，原油被加热并分解分层，称为"馏分"。各馏分由于质量和沸点不同相互分离，较重的馏分落在底部，较轻的馏分则上升到顶部。用来制造塑料最实用的馏分是轻油、煤油、柴油和重柴油。

裂解

裂解，顾名思义，就是将长链碳氢化合物分解成小分子或单体的过程。"单体"（monomer）一词来源于古希腊词根"mono"，意为"一"，而"mer"，意为"部分"。

不同燃料有不同的裂解方法。例如，乙烷这样的天然气，一般用天然气蒸汽裂解器分解，轻油使用的是轻油蒸汽裂解器，而煤油、柴油和重柴油则通过流化催化裂化过程分解。每一过程都需要在高压和高温下进行。蒸汽裂解过程中，乙烷和轻油这样的液态碳氢化合物被蒸汽稀释，并在炉中迅速加热。裂解温度与加热时间共同决定了产生的分子种类。根据不同的条件，轻油可生成乙烯、丙烯或丁烯。流化催化裂化不仅需要一定的热量，还需要固体酸性催化剂的参与。催化剂能加快化学反应的速度，同时有些反应只有在特定催化剂催化下才能进行。

裂解的产物，如乙烯、丙烯和丁烯，统称为石油化工产品。石油化工产品一般用于制造塑料，也可用于制造其他产品，包括黏合剂、纸制品、油墨和药品等。

聚合

下一阶段中，石油化工产品需要进行聚合。聚合是单体转化为聚合物的过程（聚合物在古希腊语中的本意为"多个部分"）。即在特定温度和催化剂下，单体反应形成聚合物链。例如，乙烯（化学式为C_2H_4）分子中，两个碳原子由一个双键连接。多个乙烯分子在催化剂的作用下发生反应，双键断开，碳原子连接成长链，从而产生聚乙烯。同样，催化剂可以将丙烯转化为聚丙烯，将丁烯转化为聚丁烯。不同单体在不同催化剂的作用下，可以制造出新型聚合物。

精炼、裂解和聚合过程有时会在同一个工厂进行；有时原料也会被运往世界各地，各个阶段分开完成。

仅在美国就约有
- 135 家炼油厂
- 510 家天然气加工厂
- 29 家乙烯裂解厂

乙烯的聚合

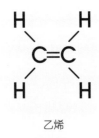

乙烯

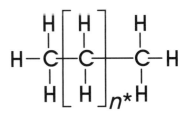

聚乙烯

* "n" 表示括号内的结构重复 "n" 次。

再见，聚丁烯

有时，某些塑料的流行与时装一样，也有过时的一天，聚丁烯曾作为管道的原料，广泛用于数百万家庭。但这种情况很快就扭转了，而且这一改变有着充分的理由。聚丁烯制成的管道碰到氯后，经常会发生破裂导致泄漏，而许多城市处理饮用水时普遍会用到氯，泄漏的管道之多，甚至引发了蒂娜·考克斯（Cox）诉壳牌石油公司（Shell oil）的集体诉讼，最终在1995年以10亿美元达成和解。

塑料球的大小一般为1～5毫米。

塑料球

聚合后的液体经过冷却定型后被切成小块，称为"塑料球"。单个塑料球还不及豌豆大。一桶桶的塑料球被运往世界各地，制造出数百万种不同的塑料制品。

产量上升

化石燃料在能源和运输方面的需求量一直在下滑。许多人开始使用电动汽车，或是采用更省油的内燃机，需要的油量随之减少。但石油公司并未彻底慌乱，尽管越来越多的公众对塑料污染问题表示担忧，塑料的产量却依旧连年增长，势头不减。根据世界能源监督机构"国际能源署"的数据，到2050年，石化产品的需求将填补运输用油需求的空缺。

2017年，全球石化需求量约为1200万桶/天。到2050年，预计将增至1800万桶/天。据此，世界经济论坛表示，预计到2030年，塑料产量每年将增长3.8%。许多专家认为，这一增长得益于美国采用的水力压裂法，提升了廉价页岩气

的产量。而页岩气的大热潮下，用于生产塑料的设施也会大幅增加。例如，2018年9月，美国化学理事会报告显示，美国共投资新建或扩建330个塑料生产设施，投资额超过2000亿美元。

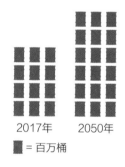

2017年　　2050年
■ = 百万桶

塑料和塑料制品的市场前景向好，特别是在亚洲和中东地区。当然，这只是个预测，如若引发当地消费者的抗议，这些预测便无法成真。但塑料和化石燃料联系紧密，这一点早已毋庸置疑。想真正打响防治塑料污染反击战，化石燃料经济需要作出适当的改变。

塑料的种类

如何把小小的塑料球，变成我们每天使用的塑料产品呢？第一步便是加热。制造商把塑料球加热到与成型黏土一样黏稠。之后的"塑料注塑成型"过程中，机器将热塑料注入相应形状的模具中。期间，塑料会慢慢变硬，然后被机器挤出模具。这一过程非常迅速，同时使用多个模具，即可制造出大量塑料产品。这也是塑料如此受欢迎的原因之一，我们可以快速地把它塑造成几乎任何形状。

塑料注塑成型过程

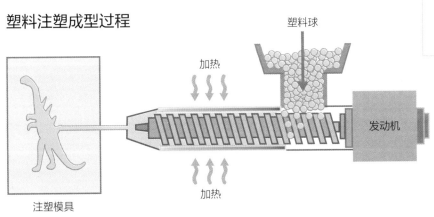

熔体纺丝法

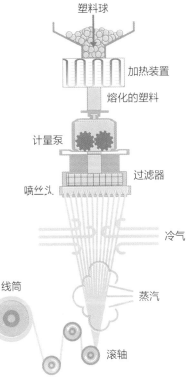

制造塑料纺织品，还需若干步骤。大多数聚酯的基础塑料为聚对苯二甲酸乙二醇酯（PET）。首先将其加热熔化成糖浆状，然后导入名为"喷丝头"的金属容器中，喷丝头将塑料挤压穿过小孔。挤压后的纤维聚成一股纱线，孔的数量决定了纱线的粗细。纺纱过程中，还可以加入诸如阻燃剂等其他化学物质。挤出的纤维被缠绕在较大的线筒上，之后编织成各类布材，整个过程叫做熔体纺丝。

塑料这个词涵盖很广，有上百种不同类型，但根据2015年的研究，以下几类塑料最为常见：

聚对苯二甲酸乙二醇酯

英文简称： PET

特点： 根据不同的加工方式，聚对苯二甲酸乙二醇酯可以呈现出刚性或半刚性，这是一种强度高、质量轻的材料。生产的聚对苯二甲酸乙二醇酯中，60%用于生产聚酯合成纤维。

产品： 汽水瓶、纺织纤维等

2015年产量： 3300万吨

高密度聚乙烯

英文简称： HDPE

特点： 高密度聚乙烯是一种不透明的塑料，以其强度高而闻名。与低密度聚乙烯（LDPE）相比，它具有更出色的抗拉强度（材料在断裂前能拉伸的量），并能承受更高的温度。

产品： 洗衣粉瓶、洗发水瓶等

2015年产量： 5200万吨

聚氯乙烯

英文简称： PVC

特点： 你可能在家里或是五金店看到过PVC管，除此之外聚氯乙烯还会被用来制作瓶子、人造皮革、地板、银行卡等。只有40%的PVC塑料由石油制成。之所以叫作聚氯乙烯，顾名思义，其余60%从氯而来，特别是氯化钠（NaCl），也就是食盐。在美国，每年生产1050万吨氯，其中约40%用于生产聚氯乙烯。

产品： 水管、医疗用品（如血袋）等

2015年产量： 3800万吨

低密度聚乙烯

英文简称： LDPE

特点： 低密度聚乙烯的柔韧性很好，或呈半透明状，或呈不透明状。与姐妹塑料高密度聚乙烯（HDPE）相比，它的分子比较分散，因此密度较低。这也意味着它的抗拉强度较弱。

产品：用于覆盖、储存食物的保鲜膜，一次性购物袋等

2015年产量：6400万吨

⑤ 聚丙烯

英文简称：PP

特点：聚丙烯的许多特点与聚乙烯类似，但它更坚硬，耐热性也更好，广泛用于制造包装用品。

产品：汽车内饰、玩具、塑料包装等

2015年产量：6800万吨

⑥ 聚苯乙烯

英文简称：PS

特点：聚苯乙烯本身透明、易碎，多用于包装，像是CD包装盒。它也可以在空气的作用下膨胀，产生泡沫。大多数（95%～98%）聚苯乙烯泡沫是出色的绝热保温材料。PS泡沫有不同类型，最常见的是挤压聚苯乙烯，俗称泡沫聚苯乙烯。

产品：冰箱架子、CD盒、泡沫外卖盒、花生的包装等

2015年产量：2500万吨

⑦ 聚氨酯

英文简称：PUR

特点：聚氨酯柔韧性好，可用来制作具有弹性的材料，如氨纶。此外，它的弹性和耐用性也使之成为一种理想的建筑材料，是制作过山车、升降机中车轮和车胎的不二之选。

产品：海绵塑料、房屋保温材料等

2015年产量：2700万吨

⑧ 聚酯、聚酰胺和丙烯酸

英文简称：PP&A

特点：聚酯、聚酰胺和丙烯酸都由塑料聚合物制成，属于3种不同类型的纺织纤维。聚酯最为常见，通常由聚对苯二甲酸乙二醇酯（PET）制成。聚酰胺俗称尼龙，而丙烯酸则由聚丙烯腈的聚合物制成。

产品：衣服、家具、地毯等

2015年产量：5900万吨

不同塑料，不同化学物质

如前所述，99%的塑料由化石燃料制成，不过，大多数塑料都有添加额外的成分，不同的塑料所加成分也各不相同。

双酚A（BPA）

双酚A（BPA）是一种添加剂，能使塑料变得像可重复使用的水瓶那样透明而坚硬。双酚A也被用于制造环氧树脂，涂在三文鱼罐头等食品的金属容器上，以保持容器内食物的新鲜度。你可能听说过双酚A，它很容易渗透到人体和食物中。只要手持含有双酚A的瓶子，皮肤就能将其吸收，如果瓶子被加热，则渗透得更快。因此，如果你把食物放在含有双酚A的容器中，用微波炉加热，摄入双酚A的可能性就更大。

那需要警惕吗？需要，也不需要。双酚A进入人体会影响身体的激素分泌。如果剂量过大，会扰乱人体的新陈代谢、生长、繁殖和睡眠等功能。然而，塑料释放出双酚A的量微乎其微，不太会造成影响，不过还是要小心，避免重复使用含双酚A的产品。

邻苯二甲酸酯

如果说，双酚A的作用是使塑料变硬，那么邻苯二甲酸酯就

热塑性塑料与热固性塑料

大多数塑料都是"热塑性塑料"，换言之，这些聚合物可以熔化或改造。正因为有此特性，塑料才能被回收利用。相反，"热固性塑料"不能重新熔化，一旦形成就"固定成型"。高温加热时，热固性塑料会燃烧降解，但不会熔化，包括环氧树脂、硅树脂和聚氨酯。

双酚A的替代品真的好吗？

你担心塑料中的化学添加剂危害健康，可能会花时间找不含双酚A的产品。但在豪掷时间和金钱，寻找"更安全"的产品之前，你可能需要考虑一下，双酚A的替换品是否真的更好。双酚A的替代品包括双酚F（BPF）、双酚S（BPS）、双酚AF（BPAF）或双酚5。在一项研究中，科学家以老鼠为实验对象，研究双酚A及其替代品的影响。实验后，科学家们对双酚A替代品的安全性表示质疑。一组老鼠的饮用水装在含有双酚A的水瓶中，为实验组；另一组老鼠的水瓶含有双酚A的替代品，为对照组。结果表明，两组老鼠的基因发生了相似的变化，染色体都产生了改变，可能导致排精或排卵问题。当然，这些实验的对象都是老鼠，要确定结论是否同样适用于人类，还需进行更多研究。但已有证据表明，双酚A的替代品与双酚A在化学结构上非常相似，其产生的影响也几乎一致。

是使塑料变得柔软有弹性。邻苯二甲酸酯广泛应用于排水管和医用导管，甚至药片的包衣中也有它的身影。研究表明它可能导致先天畸形、癌症、糖尿病和不孕症，但与双酚A一样，唯有摄入大量的邻苯二甲酸酯，才会对人的健康产生影响。

塑料的生产量

根据一项研究的数据，从1950年到2015年，全球共制造塑料83亿吨。这是一个相当庞大的数字，那么多塑料到底有多重？即便是地球上所有人的重量加在一起，也不及塑料重量的1/26。但我们能用这些塑料做什么呢？

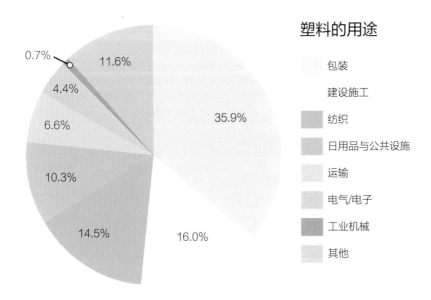

塑料在我们日常生活的方方面面扮演着重要的角色，甚至在一定程度上彻底改变了人类文明。我们完全沦陷于这一"理想材料"，但它会对我们的环境和健康产生什么影响呢？在下一章中，我们将探讨塑料对环境的影响，它不仅招致了随处可见的垃圾，也给气候带来了难以觉察的变化。

第二章

塑料难题

与1950年相比，2015年全球的塑料产量增加了190倍。年产量从1950年的200万吨激增至2015年的3.8亿吨。2015年底，约有2/3的塑料被当作垃圾丢弃，其中大部分流落至陆地和海洋。越来越多的人意识到，塑料垃圾会对地球的植被、河流和海洋造成严重的伤害。我们可以直观地看到面前的垃圾，却看不到它们到底会造成怎样的污染，这个发现为我们敲响警钟。这一章将着重调查塑料垃圾污染问题，不仅是塑料垃圾本身，还探讨塑料生产环节带来的污染。同时，本章也将研究塑料垃圾如何导致水污染、空气污染和气候变化。

（左图）小男孩在菲律宾收集塑料物品，有些自己使用，有些卖给别人。在菲律宾，人们每天使用塑料袋超过1.63亿个，塑料垃圾问题十分棘手。

碳排放

塑料的一生中，每个环节都会排放出二氧化碳（CO_2），从而引发气候变化。分析报告显示，仅2015年，塑料生产过程和塑料垃圾处理过程共排放17亿吨二氧化碳，占当年碳排放总量的3.8%，是航空业排放量的近两倍。换言之，如果把塑料看作一个国家，那么塑料之国将是世界上第五大二氧化碳排放国。

食物浪费对气候变化的影响远甚于塑料垃圾，是这个时代最大的环境危机之一。

2015年五大碳排放源

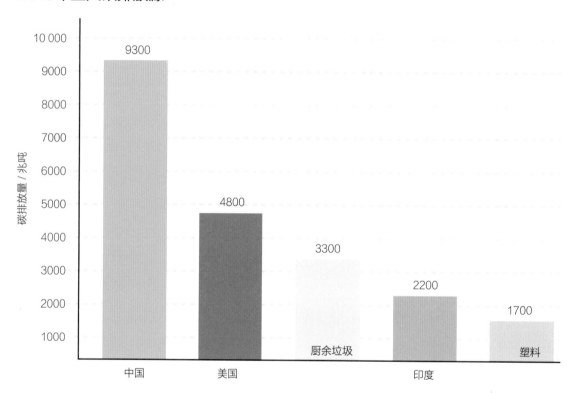

资料来源：国际能源署（International Energy Agency）；联合国粮食及农业组织（Food and Agriculture Organization of the United Nations）；Zheng, J., Suh, S.（2019）。

塑料产量预计还会增长，如果保持目前的增长速度，到2050年，塑料的碳排放量将占全球总排放量的15%，可能成为实现"碳预算"目标的一大阻碍。

死守碳预算

碳预算是衡量碳排放的方法，也就是说，要让全球气温保持在一定限度之内，最多能承受多少的碳排放。19世纪工业时代拉开序幕，自那以来，地球的平均温度已上升超过1摄氏度。《巴黎协定》签订后，全球各国达成一致，努力使全球气温不得超过前工业化时期温度1.5摄氏度以上。这一目标与长期目标的2摄氏度相比略有下降。你可能会疑惑，这半摄氏度的差距能有多大影响？其实，据科学家估算，这半摄氏度不容小觑！

（增加半摄氏度）1000万人将因此流离失所。

（增加半摄氏度）饱受水资源短缺之苦的人将增加50%。

（增加半摄氏度）丧失栖息地的生物将增加50%。

然而，死守碳预算并非易事，如果我们无法矫正对塑料的过分依赖，则更是难上加难。

从塑料"出生"到沉睡于"坟墓"，其一生可以分为三个主要阶段：生产、转化、终结。

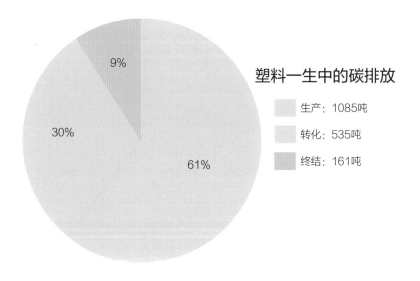

塑料一生中的碳排放

- 生产：1085吨
- 转化：535吨
- 终结：161吨

塑料的生产

塑料生产过程的温室气体排放量高达1085吨，占塑料总排放量的61%。其中，大部分来源于开采、运输制造塑料的燃料。甲烷泄漏、油气井钻探，以及为铺设管道和油井而清理森林和田地，都可能排放温室气体。

❶《巴黎协定》(*The Paris Agreement*)，是由全世界178个缔约方共同签署的气候变化协定，于2015年12月12日在第21届联合国气候变化大会上通过。该协定的长期目标是将全球平均气温较前工业化时期上升幅度控制在2摄氏度以内，并努力将温度上升幅度限制在1.5摄氏度以内。——译者注

此外，将燃料精炼并转化为塑料的过程，也会消耗大量能源，排放大量二氧化碳。例如，2015年，美国共24家工厂将乙烷裂解成乙烯，排放二氧化碳总量达1750万吨，相当于380万辆汽车同时行驶时所排放的量。而放眼全球的乙烯工厂，其二氧化碳排放量高达2.13亿吨，可换算成4500万辆汽车的排放量。

在对塑料一生的碳排放进行评估的研究中，研究人员也对不同类型塑料的碳排放量进行对比。生产阶段聚酯、聚酰胺和丙烯酸（PP&A）的排放水平最高，纺织行业对环境的影响不言而喻。聚烯烃族包括聚丙烯（PP）、低密度聚乙烯（LDPE）和高密度聚乙烯（HDPE），也会产生大量的碳排放。

转换

全球塑料原料转化为塑料成品的过程中会排放出5.35亿吨的二氧化碳（占总量的30%）。工厂将未经加工的塑料制成日常使用的袋子、容器和纺织品，而供能作为工厂运营的前提，承担了绝大部分的碳排放。与生产过程相同，聚酯、聚酰胺和丙烯酸产品转化过程的碳排放也位居第一。

吨、兆吨、吉吨

计量单位	换算	相当于多少头鲸鱼？
吨（t）	1000 千克	一头蓝鲸的重量为 150 吨（即 15 万千克）
兆吨（Mt）	10 亿千克 1 兆吨 = 1 000 000 吨	6000 多头鲸鱼
吉吨（Gt）	1 万亿千克 1 吉吨 = 1000 兆吨	600 多万头鲸鱼

塑料球大逃亡

在我们眼里，塑料垃圾主要产生于塑料生命的最后阶段：我们用塑料水瓶喝水，用之即弃，至于它会何去何从，无人在意。事实上，不论在任何阶段，塑料垃圾都可能随时现身，而塑料球就是最有力的证据。

塑料球是塑料树脂制成的微小球体，作为原材料运往世界各地，制造大量塑料制品。这些小塑料球不过一粒扁豆大，重约20毫克。运输过程中，它们可以轻而易举地逃脱。每年有超过25万吨塑料球流入海洋，相当于最终会有超过11万亿颗塑料球霸占整片海滩，漂浮于海面，塞满水生动物的肚子。

这些塑料球可以流落到世界的任何一个角落。一项报告显示，调查的32个国家中，28个国家的海滩都遭受了塑料球污染。而有些地方由于风向、洋流等因素，或是海岸线与生产设施相距较近，其海滩上的塑料球更是堆积成灾。例如，位于墨西哥湾的美国得克萨斯州海岸线，其塑料污染率是美国其他州海湾的10倍。鉴于得克萨斯州有46家公司获得了塑料材料生产许可证，这一切便有迹可寻。研究人员还发现，塑料球会吸收有毒的化学物质，如滴滴涕（DDT）。这种杀虫剂会积聚在动物的脂肪组织中，是一种致癌物；此外，塑料球还能吸收多氯联苯（PCB）以及汞，多氯联苯是剧毒的工业化合物，而汞则是神经和胃肠道毒素。海洋动物一旦吞食塑料球，不仅其中的化学物质会进入动物体内，而且小球本身也会挤占动物的胃，从而阻碍消化，导致动物饥饿而死。

那么为什么动物要吃塑料呢？首先，塑料

上图是一团被冲上岸的鱼卵，足以说明为什么有些生物会把塑料颗粒（下图）误认为食物。

球看起来很像鱼卵，而鱼卵在水生生物眼中则是一道美食。其次，塑料闻起来也像食物；海藻生长在塑料上，会散发出一股恶臭，这种味道来自二甲基硫。海龟、鲸鱼和鲨鱼认为这种气味是食物的讯号。研究发现，动物对这种化学气味越敏感，就越可能食用塑料。

目前还没有有效的方法能清除流落的塑料球。塑料球散落的海滩上，往往会有沙子和土壤等有机物质，或是生活在潮间带的动物，所以大规模清除塑料球，意味着会波及自然环境。此外，污染的源头追踪起来也颇为困难，塑料球体积小，很容易被风吹落，在生产运输过程中随时都可能遗落。同时，即便真的溯源到人，也很难定责。比如在美国，根据《美国净水法案》，公司一旦获得许可证，便可在合法范围内排放一定数量的污染物。这种合法排放的排放量相当可观。

终结

　　塑料垃圾被丢弃后，究竟面临着怎样的命运？我们所制造的塑料中，最终有2/3被丢进垃圾堆。据估计1950—2015年有63亿吨塑料沦为垃圾。那么到底是如何处理塑料垃圾的呢？全球范围内，只有9%的塑料垃圾被回收（而可供回收的量远不止于此），12%被焚烧，化为灰烬、气体和热量，其余的79%则会进入垃圾填埋场或逃散到环境中。这些处理塑料垃圾的方法又是如何导致二氧化碳排放的呢？

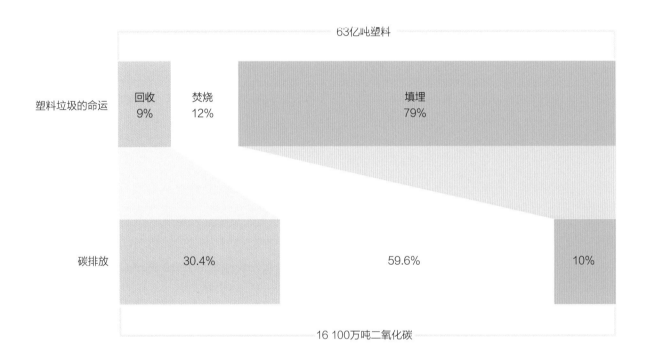

塑料正破坏地球的碳汇

　　碳汇是自然界的系统，可以吸收、储存二氧化碳。你知道吗？地球上最大的碳汇是海洋？工业时代以来，海洋已吸收大气中30%～50%的二氧化碳，其中大部分是海中浮游生物的功劳。浮游植物可通过光合作用固定碳，但塑料垃圾可能会打断这一过程。目前相关人员正在研究，塑料微粒是如何破坏浮游植物吸收碳的能力，又是如何威胁浮游动物的生存处境的。浮游动物体型微小，在海洋中循环和输出碳。因此，塑料不仅会排放成吨的二氧化碳，还可能破坏大自然吸收二氧化碳的能力，是我们阻止全球变暖道路上的一大绊脚石。

垃圾填埋场：排放少，影响小？

相较于其他方法，垃圾填埋之所以排放量低，原因在于，填埋后的塑料需要几百年才能降解，因此碳在一定程度上被暂时封印在地下。即使是可生物降解的苹果核，填埋后也需要很长的时间才能分解，原因在于氧气。氧气有助于分子分解，因此物质在有氧条件下分解得更快，这个过程叫做氧化。但大多数填埋场都将垃圾压得严严实实，处于无氧环境，碳被封印的时间就更长。焚烧能迅速分解塑料，但会把其中储存的碳释放到大气中，同时也会产生诸如二噁英、呋喃、汞、多氯联苯等其他空气污染物，威胁人类健康和地球安全。

当我们没有足够的空间储存塑料垃圾时，焚烧这一选择极具诱惑性，但其中的风险尚待权衡。根据碳排放的数据，填埋似乎是处理塑料垃圾的不二之选，但需要考量诸多因素。首先，填埋场的大部分垃圾其实都可堆肥处理或回收利用。如果一味地将垃圾扔进填埋场，我

位于美国佛罗里达州中南部的垃圾填埋场。

们面临的将是资源枯竭问题。此外，垃圾填埋场还会产生有毒的渗滤液，这种液体能穿过固体并从中收集化学物质。雨水经过垃圾填埋场时，会带走电子垃圾或PVC管道中的有害化学物质，进而污染地下水、土壤和其他水源。若垃圾填埋场不加以封闭，其中的垃圾则会混入周边环境中，对野生动物造成伤害。

累计而言，塑料在"终结"阶段的碳排放，占一生中总排放量的9%，相当于16 100万吨二氧化碳。在3种塑料垃圾处理方法中，填埋的碳排放最少，为1600万吨，而回收的碳排放为4900万吨，焚化的碳排放为9600万吨。令人惊讶的是，填埋场是大部分垃圾的归宿，而填埋的碳排放却是最少的，焚烧的垃圾只占垃圾总量的12%，其碳排放却位列第一。

由于回收的塑料可以替代新塑料，减少新塑料生产过程的碳排放。如果将这一事实纳入考虑，回收的塑料实际碳排放则应从4900万吨下降至−6700万吨。

塑料生产与人类健康

塑料生产不仅会危及地球母亲的健康，还会直接危害生产线上的工作人员的健康。

废气和粉尘

除了成吨的二氧化碳，塑料的生产和转化还会向大气排放多种空气污染物，包括氮氧化物、硫氧化物和挥发性有机物（VOCs）。挥发性有机物对阳光十分敏感，遇光后形成烟雾，严重影响空气质量，还会加重心脏病和呼吸系统疾病，刺激眼睛、鼻子和喉咙。许多挥发性有机物来自聚合物泡沫塑料和聚氯乙烯管道的生产过程。塑料和石化工业还与苯的释放有关。苯是一种致癌物，会引发贫血，抑制身体的免疫反应。

塑料的生产和转化也会产生大量粉尘，粉尘含量过高会有安全隐患，可能引发爆炸，也会对工厂工作人员的呼吸道健康造成威胁。

意大利北部，塑料生产加工厂冒出滚滚浓烟。

工作场所的危害

对许多工人来说，制造塑料部件也许是一项高危工作。2013年，一项研究以汽车塑料厂工人为对象，发现由于长期吸入塑料废气，女性工人患乳腺癌的风险比其他女性高出400%。另一项研究表明，塑料厂的工人长期处在含有微粒的环境中，患上呼吸系统疾病的风险大大增加。

这些工厂往往集中在低收入地区。工业废弃污染对低收入家庭影响最大，这一点在研究中屡经证实。不论是着眼于一隅，还是放眼于全国，乃至全世界，皆是如此。美国是世界上最富裕的国家之一，而那些会造成工业污染的工厂在选址时也是集中于低收入地区。国际上亦是如此。

塑料垃圾与自然环境

　　塑料一旦被制造出来，有2/3都将面临最终被抛弃的命运，截至2015年塑料垃圾总量高达63亿吨。这是一个令人震惊的数量，你可能很难想象到底有多少。如果换算一下，这相当于4200万头蓝鲸那么重。

2015年各产业塑料垃圾产量

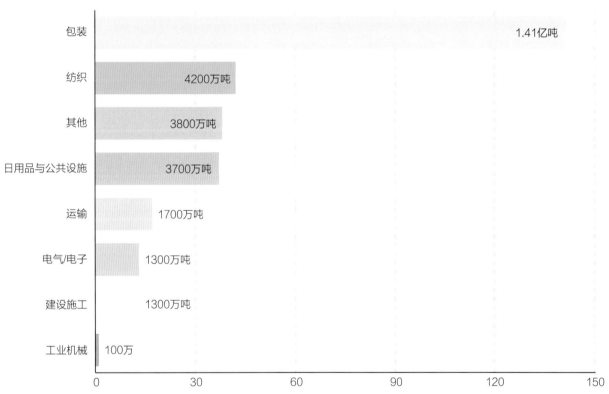

资料来源：盖尔（Geyer）等人（2017）。

　　包装产业塑料用量最多，产生垃圾也最多。生产的塑料中超过35%用于包装，2015年包装产业共产生塑料垃圾1.41亿吨。

　　其中，很多垃圾都没有得到合理的回收处理。据估计，每分钟都有一辆垃圾车的塑料垃圾混入海洋，整个2015年约有800万吨。其中，约50%的垃圾通过河流，从内陆流入大海。

从海面到海底：塑料之海

无论在海岸、海面还是海底，你都可以发现塑料垃圾的身影。塑料垃圾的藏身之处，也反映了它对环境的影响。

海面

塑料会漂浮在海面上吗？并没有确切的答案。塑料有不同的类型，能否漂浮取决于其密度的大小。像聚乙烯或聚丙烯这样，密度小于海水的，就会浮于海面。其他类型的塑料，如聚苯乙烯和尼龙，密度高于海水，因此会下沉。由于半数以上的塑料由聚乙烯（36%）或聚丙烯（21%）制成，因此大部分塑料都会漂浮在海面上。

这些垃圾并不是均匀地分布在海水表面，而是无数小块聚集在一起，遍及世界上每一片海面。面积最大的塑料垃圾"殖民地"被称为"太平洋垃圾带"。

太平洋垃圾带

太平洋垃圾带即海洋垃圾环流带，位于北太平洋。环流由风向、洋流、潮汐、温度和盐度等因素共同作用，形成漩涡，对海水和营养物质的循环非常重要。它会将海洋废弃物拉扯到漩涡中心，并困于其中。

提到垃圾带，你可能想象的是一座岛屿，或是其他可供行走的东西。但事实上，它更像是一碗浑浊的汤，塑料垃圾上下浮动。垃圾并非固体，很难估计它的面积，科学家目前的估计值为将近160万平方千米，是美国加利福尼亚州面积的4倍不到。据估计约有1.8万亿件塑料垃圾漂浮于其间，其中94%为塑料微粒。

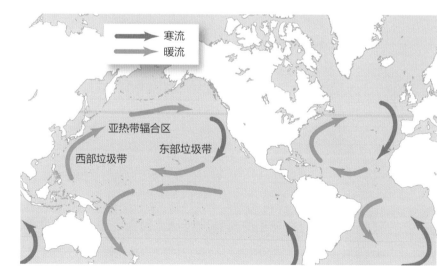

注：本书插图系原书插图。

塑料微粒：两头多，中间少

许多科学家认为，塑料微粒（所有小于5毫米的塑料）的危害反而最大，因为它体积太小，很难被察觉，又极易吞咽（因此会进入食物链）。因此当务之急是要在海洋中找到这种塑料的藏身之处。

2015年"海洋清理"行动对太平洋垃圾带进行考察，收集了包括塑料微粒在内的许多塑料样品。

曾经，人们一度以为塑料微粒都浮在海面。研究人员在海洋的不同深度部署了撇渣器测量塑料微粒的浓度。据观察，海面以下5米处，塑料微粒浓度接近于零。然而，最近的一项研究继续深入海底，发现塑料微粒也存在于深海环境（海面以下200～600米），浓度为12～15个每立方米，与太平洋垃圾带数值相似。科学家推测，塑料是搭了海洋生物的便车，藏在内脏中抵达如此深度。因此，海面和海底都有很多塑料微粒，而中间很少。

海底

即使塑料刚开始漂浮于海面，最后也可能会沉于海底。这是为何？研究人员猜测，塑料会不断被藻类或藤壶附着，直到密度超过海水便会下沉。所以，大大小小的塑料最终都会下沉，这也解释了为什么在海底也能找到塑料。

马里亚纳海沟是海洋最深的部分。也就是说，如果你把珠穆朗玛峰放进此海沟，最高峰仍然处在水下约1.6千米处。即便是在马里亚纳海沟，动物也难以摆脱吞食塑料的命运。最近的一项研究发现，生活在马里亚纳海沟里的片脚类动物（一种类似虾的生物），有70%会以塑料为食。

海滩

成堆的塑料堆在海滩上，这样的照片经常以各种形式轰炸我们，更令人惊讶的是，甚至连一些散落在海滩上的岩石也是塑料做的。千真万确，夏威夷海滩上发现了含塑料成分的岩石，名为"胶砾岩"（plastiglomerate），由塑料、火山岩、沙子、贝壳和珊瑚混合而成。这些岩石很可能是塑料在岩浆、森林大火甚至篝火中融化形成的。

2016年，科学家们在葡萄牙的马德拉群岛上发现了"塑料锈"（plasticrusts），即一层塑料废物覆盖在海岸的岩石上。

而在有些沙滩上正在形成塑料外壳。在葡萄牙群岛马德拉岛的岩石海岸，研究人员发现岩石上覆盖着一层塑料，这层塑料外壳由镶嵌在岩石中的聚乙烯碎片构成，既有蓝色的，也有白色的。

岛屿

科科斯（基林）群岛（Cocos Islands）位于印度洋中部，位置偏远，只有600人居住于其上。2019年的一项研究发现，科科斯群岛海岸上有4.14亿件塑料垃圾，总重量达238吨，塑料问题之复杂，如此可见一斑。之前的调查着重于海滩上的塑料，相比之下，这次研究人员不再停留于表面，而是深入挖掘，发现了更多的塑料垃圾，埋藏在沙子里的塑料垃圾是沙滩表面的26倍。

对于一个岛屿而言，是否能免遭塑料垃圾的侵害，与岛民是否生产塑料垃圾没有太大关系，更多是看运气的好坏。岛屿与环流的位置关系极大地影响了其上塑料垃圾的数量，岛上的塑料垃圾可能是在漂泊了数千千米之后才传播至此。由此可见，塑料垃圾是一个世界性难题，没有人可以置身事外。

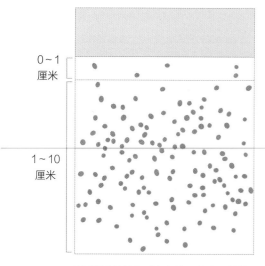

0～1
厘米

1～10
厘米

科科斯（基林）群岛上的研究人员总结，埋藏于沙滩表面以下1～10厘米的塑料是沙滩表面塑料的26倍。

致命的碎片

众所周知，地球上的每个角落都在遭受着塑料污染——从北极的冰层，到最深的海沟，无论塑料污染存在于何处，都不可避免地影响着当地的动物。虽然人类是唯一会制造并丢弃塑料的动物，但不论是微小的水蚤，还是巨型的猛兽，所有野生动物都在为人类对塑料的依赖承担后果。下面几种动物受塑料垃圾影响最大。

鱼

科学家们常说，到2050年，海洋中的塑料会比鱼还多。但是塑料垃圾为什么会影响鱼类呢？其中最主要的隐患是鱼类会吞食塑料残渣。2019年，一项研究发现，取样的幼鱼（鱼宝宝）中有8.6%吞食过塑料残渣。这听起来似乎无关痛痒，但鱼宝宝是其他海洋动物的主要食物，包括海龟、鲨鱼和海鸟，于是，塑料便如此顺理成章地通过食物链环环递进。

幼体飞鱼（上）和幼体箭鱼（下）正在吞食塑料残渣，左侧是放大后的照片。具体尺寸可以右侧的硬币作为参考。

100微米

1毫米

500微米

2毫米

魔鬼渔网

你知道吗？废弃的捕鱼工具占海洋垃圾的20%。据估计，每年有64万~80万吨渔具落入大海。废弃的渔网困住了无数海洋物种，它们或死或伤，总量高达数百万。

珊瑚

珊瑚礁看起来可能像一堆有趣的石头，外加色彩鲜艳的植物，但实际上珊瑚是动物。塑料垃圾落在珊瑚上会使珊瑚生病。塑料会滋生很多细菌，其中一种溶珊瑚弧菌，会传播一种被称为"白色综合征"的致命疾病，会在珊瑚表面留下白色条纹，最终导致其死亡。对科学家而言，目前"白色综合征"仍非常神秘。

海鸟

目前地球上的鸟类处境艰难。据估计，在过去的半个世纪里，仅在美国和加拿大就有30亿只鸟类死亡。而海鸟则比其他任何鸟类都减少得更快，一大原因就是海洋中的塑料。

海鸟误食塑料已越来越常见，结果可能是致命的。最近的一项研究发现，即使只吞食少量塑料，后果也不堪设想，可能会导致一系列健康问题，包括胆固醇升高、体重下降、肾功能受损、翼展和喙长度缩短。不幸的是，大约90%的海鸟都吃过塑料。

美国国家海洋和大气管理局海洋残骸小组的一名成员从中途岛的小渔网中解救了一只黑背信天翁雏鸟。

海龟

与海鸟一样，哪怕是很少的一点塑料也能伤害海龟。2018年，一项研究发现，只要摄入14片塑料，海龟的死亡风险就会显著增加。海龟食用的塑料往往与它们喜爱的食物相似，塑料袋容易被误认为是美味的水母。最近的一项研究发现，绿海龟吃的塑料外形又长又薄、颜色又黑又绿，类似海草，而海草是海龟的主要食物来源。

除了吞食塑料外，海龟还会被魔鬼般的渔具缠住，溺水而亡。

鲸鱼

死亡的鲸鱼被冲上岸时，研究人员会对其进行尸检并查看胃里的东西。从中发现的塑料数量之大，令人震惊。2019年，一头抹香鲸于苏格兰搁浅，死亡时胃里有超过100千克塑料。另一只怀孕的抹香鲸胃里则有23千克塑料。在它的肚子里还发现了一只鱿鱼的残骸，由于塑料垃圾堵塞了它的消化系统，这只鱿鱼无法为它提供任何营养，本质上这只抹香鲸是活活饿死的。同年，一头重499千克的柯氏喙鲸也因体内有40千克塑料最终饥饿而死。不幸的是，鲸鱼的死亡已渐渐成为常态。

海豹

塑料污染会给海豹带来严重的伤害。目前全球有多少海豹正遭受塑料垃圾的影响尚未可知。但从单个海滩的情况，我们便可想象出场面是何其悲惨。根据英国诺福克海滩附近一家动物医院的数据，超过51只海豹因塑料垃圾受伤，急需治疗。而这只是一小部分，英国还有许多海滩上都生活着海豹。

塑料残渣也会置大型哺乳动物于危难之中，濒危的夏威夷僧海豹就是其中之一。海豹会被渔网和塑料袋缠住，还会吞食塑料。

无处不在

2020年6月发表在《科学》(*Science*)杂志上的一项研究显示，我们的塑料垃圾真的无处不在。塑料存在于风中、雨中、我们呼吸的空气中。研究人员从美国11个国家公园和荒野地区采集了339个样本，在98%的样本中发现了塑料微粒。尘埃样本中发现的所有物质里，塑料占4%。该研究估计，每年有超过900吨（相当于多达3亿个塑料瓶）的塑料微粒像雨点一样落在美国西部的国家公园和荒野地区。这些塑料微粒对人体健康有何影响尚不清楚，不过先前的研究发现，有些肺部疾病和组织损伤与吸入大量塑料有关联。

陆地上的动物

尽管相关研究和倡议主要针对海洋环境，但事实上塑料垃圾也影响着陆地上的动物。在印度佩里亚，一头20岁的大象死亡后，尸检结果显示，大象的死因是内出血和器官衰竭，是食用大量塑料垃圾所致。

塑料带来的环境问题似乎挑战重重，但我们有理由心怀希望。尽管这一难题需要行业、政府、科学家和个人等多方努力，携手合作，共同创新，但我们依旧可以在日常生活中做出一些力所能及的改变，同时也有许多系统的解决方案在实践中发挥作用。在下一章中，我们将回顾一些现有的解决方案，分析它们的可行性，展示每个方案的优势和面临的挑战。

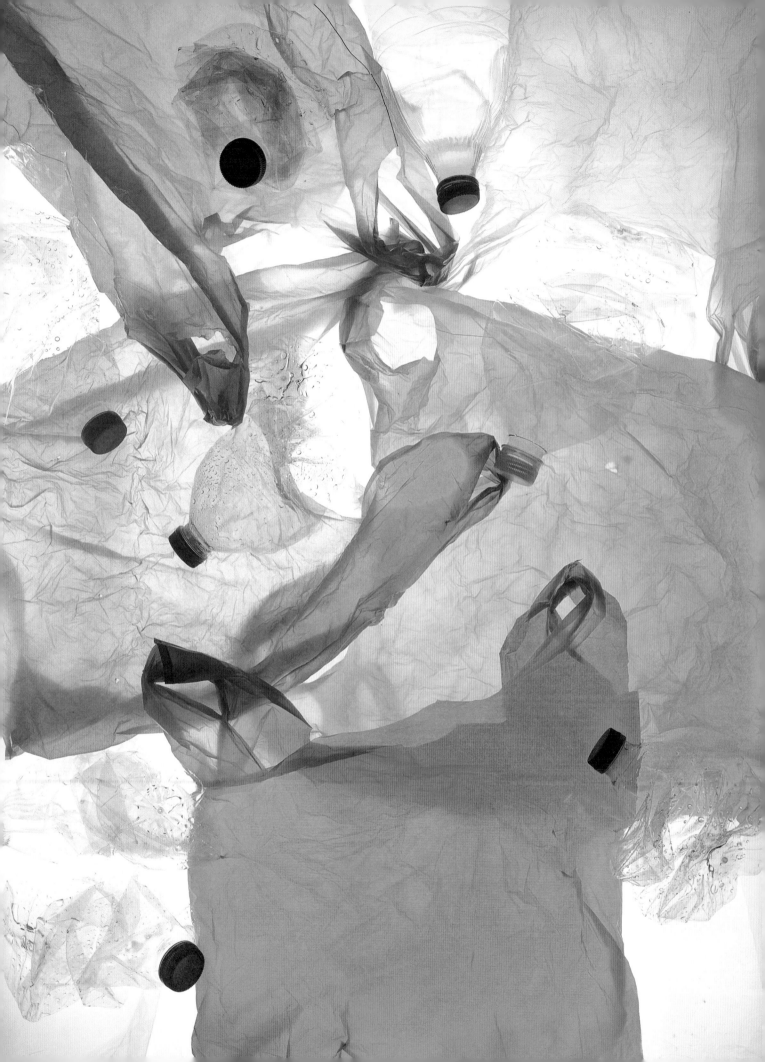

第三章

解决塑料难题

塑料污染蔓延全球各地，从地冻天寒的极地到天涯海角的海滩，都有其身影。面对如此难题，要提出解决方案总让人望而却步，但改变并非遥不可及。本章将从两个角度进行探讨。小规模的解决方案用以指导个人，如何在日常生活中进行调整。大规模的解决方案涵盖5个小想法，成一体系。这些想法虽然潜力无限，但仍然面临诸多挑战；对存在的弱点进行批判性评估，有助于完善解决方案。

小规模的解决方案

你可能听说过三个"用"：少用、重复使用、回收再利用。请试着再增加三"用"：拒绝使用、修复后使用、思考如何使用。以下是一些实用的策略，你可以从今天开始，减少产生塑料（和非塑料）垃圾。

少用

"少用"之所以是方案中的首选，自有其原因。少用塑料，浪费自然而然也随之减少。

- **少买。**想要减少浪费，最有效的做法就是少买东西。对自己购入的物品秉持批判态度，花点时间判断是否真的"需要"某件物品。冲动购物不仅会让你的钱包瘪下来（美国的一项调查发现，受访的2000位消费者中，平均每人每周冲动购物3次，每月累计消费达450美元），而且这种习惯之下，大多数买来的东西最终只会堆积在垃圾场。总想大买特买？那就给自己30天时间。把想买的东西写下来，放在看不见的地方。如果一个月后你依旧想要，那就去找找身边有没有二手的。
- **从租赁库租用。**全球各种各样的租赁库如雨后春笋般涌现，帮助人们用租赁代替购买。工具租赁库可以出借那些你鲜少使用，甚至可能只使用一次的工具，如压力垫圈或锯子。还有一些租赁库提供"租派对"业务，你可以租到一些可重复使用的餐具，从而代替一次性餐具。你周围没有租赁库吗？那不妨问问你的亲朋好友，看看是否能借到你需要的东西。借东西也是一个很好的测试，可以看出你是否真的想为一样东西花钱。

购买商品时在本地购买而非网上购物，意味着你支持的是本地的企业，并免去了在运输商品时使用额外包装。气泡纸和聚苯乙烯填充颗粒都是塑料足迹的一部分。

明尼苏达工具租赁库位于圣保罗，有许多工具可供租用。

重复使用

你每天所丢弃的物品，到你手里之前耗费了大量的能源、物力和劳力。将那些可以反复使用的物品拣选出来，并重复使用，才能做到物尽其用。

- **时刻准备。**小准备也能派上大用场。随身携带属于你的百宝箱，里面装上可重复使用的物品。如此一来，它就会成为你日常生活的一部分。右图就是一个百宝箱，可供你参考。

  如果你要买散装食品，可以提前准备几个可重复使用的容器，清理完装进百宝箱里。许多散装食品店可以先给你的容器称重，再按照付款时所称的重量减去容器的重量进行收费。
- **办一场免费市集。**就像车库大甩卖①，不同之处在于，所有商品都免费！邀请你的朋友带上他们不再需要的东西，比如衣服、书和家居用品一起来吧。
- **买二手商品。**买二手商品相当于用一种不那么铺张的方式来满足你的购物欲。在为朋友和家人挑选礼物时也可多多考虑二手礼品。

拒绝使用

在日常生活中，有些东西你无意间就收下了，但你其实不必这样做。无论是拒绝喝饮料用的吸管，还是拒绝你最爱的美妆品牌的免费样品，每一次拒绝都在暗示着，你正在改变自己的消费习惯。

- **学会说"不"。**拒绝送到你面前的东西并不是一件容易的事。有时候，拒绝别人可能会与社会规范或文化习俗相背离，甚至会让他人不悦。以下是某网站给出的一些建议，教你如何拒绝吸管。这个网站是由劳伦·辛格（Lauren Singer）运营，她是一位"零废物"生活方式专家，因将两年份的垃圾装进一个梅森罐②而闻名。
  - 点饮料的时候，注明"不要吸管"。提前做出要求，比在吸管到来时拒绝容易得多。
  - 让别人明白你的意图，比如可以说："可以请你拿走吸管吗？我尽可能不用一次性塑料。"
  - 不要不好意思。提出要求时充满信心，通常会得到积极的回应。

随身携带可重复利用的物品

用来装蔬菜和面包的布袋

用来装剩菜的容器

可重复利用的包包

一副餐具

可重复利用的杯子

可重复利用的吸管

① 车库大甩卖在美国十分流行，尤其是在春夏两季。车库大甩卖是指人们把不再需要的东西拿出来出售。有时邻居们会聚在一起，合办车库大甩卖。——译者注
② 梅森罐（Mason Jar）是一种带有螺纹铁盖的玻璃罐，密封性非常好，可用来存储干燥的食物，或者用来腌制食物。——译者注

① 农产品袋与一般塑料袋相比更耐用，装农产品时不容易破损。——译者注

减少食物浪费的小窍门：农产品吃的时候再洗，否则很快就得丢掉。洗涤后，水分会加快食物分解，使食物更快变质。

● **拒绝传单**。可以在你的邮箱上贴个标签，写上"谢绝传单"。在加拿大阿尔伯塔省的卡尔加里，自2007年以来，某环保组织已分发了超过1万个这样的标签，减少了约125万千克传单。这一做法有两大好处：没有传单，你就不会那么想买那些你不需要的东西。如果你喜欢特价传单，你还是有办法了解每周的特价商品，只要在网上订阅就行。

● **拒绝农产品袋**①。假设你从商店买了6个苹果，要不要用一次性塑料农产品袋？答案是不需要。你可以直接把苹果放进购物车或购物篮，不需要用农产品袋。你担心购物车和收银台有细菌？当然，杂货店里有很多细菌。但即使装进农产品袋，你的苹果上仍然会有细菌。想想看，水果和蔬菜从土壤到仓库，途中有多少只手碰过，所以水果和蔬菜食用前需要清洗干净。如果你需要农产品袋来装青豆这样小件的产品，或是葡萄这样比较软的产品，可以自带可重复使用的布袋，没有必要购买农产品袋；如果家里有不合身的T恤，无需缝纫，便可改装成袋子。在网上搜索"不需缝纫的T恤包"，就可找到简易教程，也可以按照下面的说明来做。

 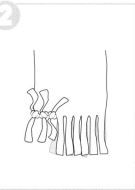 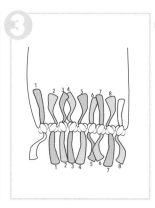 

1）剪掉T恤的袖子，把领口剪大一点，做成包包的提手。把T恤的里侧外翻，在底部沿着与底部垂直的方向，剪出若干个长条，把这些条绑在一起，成为包的底部。

2）每一对长条绑两次结，紧紧地系在一起。一个结朝上，另一个朝下，如图所示。

3）将相邻的两个结合拢，将左侧第一个结的上端与第二个结的下端绑在一起。然后将第二个结的上端和第三个结的下端绑在一起，以此类推，直到结完。如果你希望包包看起来更精致，可以修剪结的末端。

4）把包的内侧外翻，就完成了。现在你就可以带着你的新包去逛超市了。

修复后使用

学习一些基本的修理技巧，有助于延长物品的使用寿命，而且也不用再麻烦别人。

- **学习一项新技能**。学习修理物品可以有效地减少浪费，省钱，还能培养新爱好。也许你可以试着学缝纫。最大的塑料垃圾来源之一就是我们的衣服（见第四章）。网上有无数的教程，学会一些基本的针法，可以让你的衣服穿得更久。甚至可以尝试学习焊接，电烙铁是修理电子产品的好帮手。

- **求助于修理店**。感觉自己无法应对？维修咖啡馆①里会有经验丰富的志愿者为你提供帮助，他们可以修理坏掉的灯、烤面包机和夹克等。你的社区有这样的志愿者吗？如果你动手能力很强，也可以试着做你们社区的第一人。

- **花钱找专业人士**。鞋上有个洞？笔记本电脑屏幕坏了？东西坏了自己没法修，也不一定就要换。可以花钱找专业人士，如鞋匠或电脑维修工，这样可以大大延长物品的寿命。

① 美国的社区有维修咖啡馆，里面有技术熟练的志愿者。人们可以带着损坏的心爱物件去免费维修。——译者注

给衣服做保养

保养衣服也相当于预防损坏。下列方法可以让你的衣服看起来更精致：

- **自然风干**：烘干机会分解衣服的纤维。不用烘干机，既省能源，也省钱。
- **冷水洗衣**：热水会加速尼龙等织物的降解。
- **少洗**：衣物多穿几次再洗。以牛仔裤为例：2009—2010年，阿尔伯塔大学（University of Alberta）一名学生连续15个月穿着同一条牛仔裤，发现牛仔裤上的细菌水平与穿着不到两周的牛仔裤相同。虽然这个例子很有趣，但你也不必像他一样那么极端。李维斯（Lovi's）公司的一份报告发现，该公司的牛仔裤最好穿满10次后再机洗。
- **迅速处理污渍**：看到有污渍？别愣着，动起来！阅读去污产品的说明书，看看适用于哪些面料。
- **穿围裙**：做饭时穿上围裙，就不会毁掉你最喜欢的上衣或牛仔裤。
- **拉上拉链**：洗衣服时，拉链的边缘会对衣服造成损伤。所以，洗之前记得拉上拉链。
- **清理盐霜**：对某些人来说，冬天鞋子和裤子上产生的盐霜可能令人头疼，因为它对衣物损伤很大。在把衣物扔进洗衣机前，可以先用湿布将盐霜擦去，洗完后自然风干。

思考如何使用

塑料可以使用上百年，而且几乎可以塑造成任何形状。某些塑料甚至比钢材更坚固。但因其产量丰富、成本低廉，我们并没有那么珍惜。何不推翻现状，重新思考塑料的用途，增添几分新意呢？

只要一点努力和创意，就可以让饮料瓶等一次性塑料制品重获新生，成为悬挂花盆。

- **塑料艺术。** 变废为宝，设计艺术装置，是全球的一大新潮流。你可以从更容易上手的做起，比如把水瓶改造成悬挂式的花盆、自制的玩具或喂鸟器。
- **购买废物补偿。** 你听说过碳补偿吗？比方说，坐飞机时，通常你可以选择购买碳补偿来弥补飞行过程中的碳排放。科学家和企业家正提议借鉴类似的框架，实现"废物补偿"。即个人或企业根据自身产生的废物数量，付费给相关组织，用以在污染严重的地区收集废物。例如，你所付的补偿费可以帮助沿海的发展中国家建设垃圾填埋场等基础设施。
- **选举中支持科学人士。** 社区选举时，投给那些支持科学、为环境而战的人，这也不失为解决塑料难题的一种方式。如果社区中没有这样的候选人，你可以考虑自告奋勇，参与竞选。

回收再利用

如果说，"少用"是减少塑料垃圾的第一步，也是最重要的一步，那么"回收再利用"就是最后一步。按照目前的情况，这应该是你接触最少的一个环节。对于回收再利用，将在后文"大规模的解决方案"中详细讨论。尽管目前的系统还面临诸多挑战，但仍有一些措施可以改善现状。

大规模的解决方案

要想解决塑料问题，个人的努力固然重要，但这些努力只有在社区、公司乃至国家范围进一步扩大，才能有效应对塑料危机。扩大规模的方法不胜枚举，新的创意不断涌现，本节主要探讨5个重点：

1. 回收再利用
2. 生物可降解塑料
3. 禁令和征税
4. 清理
5. 循环经济

以上每一个解决方案都有其价值，当然我们也会评价其中的缺陷。

回收再利用

回收1吨塑料，就节省了5238千瓦·时电和16.3桶石油，同时也为垃圾填埋场节省了23立方米的空间。不仅如此，回收利用的感觉也不错。把空的洗发水瓶扔进蓝色的回收垃圾桶，我们知道里面的东西将被回收再利用，这种感觉就让人心满意足。不幸的是，事实并不总是尽如人意。回收利用固然充满潜力，但也存在一些漏洞。尽管可供回收的塑料很多，但全世界只有9%的塑料真正得到回收。本节将探讨塑料回收利用的基本原理、回收过程中的挑战以及如何做出改变。

1981年，第一个路边垃圾回收项目开始于加拿大安大略省基奇纳市。自那时以来，已有150多个国家采用"蓝色垃圾桶"这一想法。

这些PET瓶经过分类、压缩、冲洗，正在等待被回收。

回收概述

回收，本质上可以分为3个主要步骤：收集、分类和加工。但在这些过程中，回收体系面临一些障碍。

路障代表着回收过程中的挑战。

收集

自20世纪90年代末以来，路边蓝色垃圾箱项目大多采取"单流"模式。这意味着所有的回收物——无论是纸、金属还是塑料——都在同一个垃圾箱里，而多流模式则将回收物进行分类。相比之下，单流系统回收过程轻松，回收率飙升，但也带来了更多的污染，垃圾也经常跑错地方。

分类

收集回收物后会运送到回收厂。回收的分类过程由人力与自动化相结合。垃圾混合后置于传送带上，工人挑拣出不需要的垃圾，比如可能堵塞设备的塑料袋。垃圾分类的方法很多，可以使用重力、筛子和过滤器等。光学分选设备可以识别不同类型的塑料，并加以分类（许多地方不回收黑色塑料，因为它们会与传送带混在一起，光学分选设备无法识别）。分类这一步骤必不可少，因为一旦有污染，会大大降低回收物的价值。分类完毕后，通常按类型将垃圾进行压实打包，然后转移到其他地方进行处理，也有些工厂会自行处理。

障碍
基础设施

你把装满回收物的蓝色垃圾箱放在家门口的马路边，回收人员收走后，你可能会很高兴。但对很多人来说并非如此。全世界约20亿人周围并没有定期回收垃圾的组织。即使在美国这样的发达国家，垃圾管理系统也存在着地区间的不平衡。据估计，约有3400万农村家庭和1600万公寓住户无法实现垃圾回收，而这相当于40%的美国家庭。美国人口密度低，普及垃圾回收设施并不现实，因为这需要消耗大量开支，一辆卡车就要花3万美元。

障碍
愿望式循环

你有过这样的经历吗？手里拿着油腻的比萨盒或是一次性咖啡杯，然后心想，这些东西可以回收利用吗？你不太确定，但还是希望它们能被利用起来，于是你怀着这一"愿望"，把它们放进蓝色的回收垃圾箱。这就是所谓的"愿望式循环"。在美国，蓝色垃圾箱中的垃圾，有25％无法回收。这种高水平的污染之下，回收结果质量低下，便很难拥有市场。由于分类所需的成本太高，污染严重的回收物往往会被转送到垃圾填埋场。

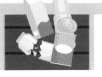

障碍
脏兮兮的罐子

很多时候，我们扔食品容器时，会顺带把食物残渣一并扔进蓝色的回收垃圾桶里，这么做会污染回收物。纸类容器尤其如此，纸和水混合后会变成纸浆。食物中的油脂不溶于水，但是会与纸浆混合，于是产生了劣质的纸。对于塑料、玻璃和金属来说，食物残渣倒不是什么大问题，至少可以冲洗掉。但由于大多数回收采取"单流"模式，沾满油污的罐子和纸张混在一起，便会造成污染。而卫生是食物垃圾的另一大问题。食物残渣会产生霉菌和细菌，这对回收垃圾的工作人员来说是一大隐患。

加工

分类打包完成后，就可以对塑料垃圾进行加工。磁铁等新型设备会将残留的金属和废料去除。之后对塑料进行预洗，进一步清除残渣。塑料的种类决定了它的"沐浴"方式。如果是一捆塑料水瓶，就会被浸入热的肥皂液中，去除标签（加热过程会融化标签上的胶水）。然后塑料会被研磨成薄片，经过熔化和过滤制成塑料球。这些塑料球会运到工厂，制成新的东西。

障碍
质量低下

金属容器回收后可以变回金属罐，玻璃瓶也是同样的道理。不过，塑料并非如此。塑料制品每回收一次，其聚合物链的长度就会缩短，这就破坏了塑料的完整性，而破坏的程度取决于塑料的类型。例如，相较于聚乙烯塑料，聚对苯二甲酸乙二醇酯塑料回收后更完整，因而更具有回收价值。尽管如此，为了提高回收塑料的强度，往往需要添加新的塑料，这意味着大多数再生品并非百分百由回收材料制成。同时，塑料种类繁多，融化时往往会分层。塑料的混合物结构不稳定，应用领域也比较局限。一般来说，塑料回收过程属于"降级回收"，意思是回收后转变成质量较为低下的产品。

障碍
终端市场

即使清洗、分类环节都准备就绪，塑料回收项目也并非一帆风顺。把处理后的塑料变回塑料球的前提是有人愿意买。你可能会认为，再生塑料的制造成本比新塑料低，但这一结论是否成立，很大程度上取决于石油价格的高低。随着石油价格下滑，对制造商来说，新塑料比再生塑料更经济，也更具吸引力。

挪威的回收政策

在挪威，97%的塑料瓶会回收再利用。这是消费者和生产者共同努力的成果。消费者购买塑料瓶时要缴税，但将空瓶存入"逆向自动售货机"后，可以退回税款（机器会把钱退还给你）。与此同时，塑料瓶生产商也要缴税。如果全国的回收率高于95%，就可以免除收税。在这一政策的激励下，生产商就更愿意生产可回收利用的瓶子。

中国的"国门利剑"政策

截至2018年1月，中国已暂停进口大多数塑料和其他可回收材料。这项代号为"国门利剑"的行动，意味着世界上将近一半的垃圾需要寻找新的归宿。你可能会以为，在欧美国家，回收材料都由当地的回收厂负责处理。然而，大多数情况下并非如此。中国颁布禁令之前，欧盟和美国将大部分回收材料出口到中国，比例分别为95%和70%。这种"收集—分类—出口"的模式持续了25年。

"国门利剑"政策源于国际上垃圾收集向"单流"模式转变。过去，消费者需要对可回收物进行分类。而现在，大部分城市都把纸、铝和塑料放在同一个蓝色垃圾桶里，这样一来，食物残渣等不可回收垃圾混入蓝色垃圾箱，造成了严重的污染。此外，大量包装由塑料复合材料多层混合而成，其中含有多种颜色和添加剂。这种复杂的情况对回收来说无疑是雪上加霜。中国之所以颁布禁令，主要也是考虑到污染问题和回收的复杂性。中国目前接收标准是纯度达到99.5%，属于清洁级别最高的材料。以目前的基础设施来看，大多数国家无法达到这一标准。

这项禁令影响着世界各国。澳大利亚的可回收垃圾储存量达130万吨，而这些垃圾以往都会运送到中国。英国的垃圾焚烧量也大幅上涨，从2017年的66.5万吨上升到了2018年的110万吨。在美国，由于运营成本上升，部分城市的回收设施完全关停。

这场危机虽然造成了一定的混乱，但也有助于创造出更好的系统。各国可以趁此机会扩大垃圾回收加工的规模，也给塑料生产商施加压力，督促他们生产可回收利用的产品。至于"国门利剑"政策还会有怎样的影响，目前谁也无法妄下定论，但至少可以肯定的是，这一政策颁布后，越来越多的人开始讨论全世界人民要如何处理自己生产出来的垃圾。

回收小侦探：你的垃圾到底去了哪里

我们把东西扔进回收箱，想当然地以为它会被回收。但情况真的如此吗？对此，加拿大广播公司（CBC）计划了一场暗中调查，通过购入9吨塑料，并用化名请了3家较为知名的垃圾收集公司来回收这些材料。所购塑料为"薄膜塑料"，大部分是分类压缩过的购物袋。"巴塞尔行动网络"（Basel Action Network）则负责安装全球定位系统追踪器。该组织为非营利组织，专门从事垃圾追踪工作，致力于阻止高收入国家向低收入国家出口危险废弃物。追踪过程中，每两到三分钟会对安装的9个追踪器所在的地理坐标发出脉冲信号。其中3个追踪器出现故障，不过幸好每家公司都有两个跟踪器能照常使用。

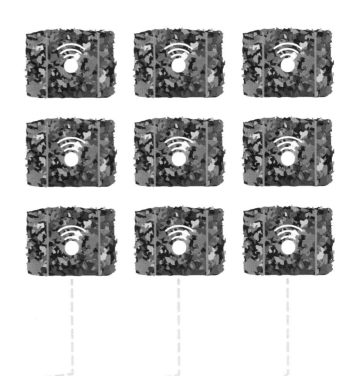

一号公司"梅林塑料"（Merlin Plastics）所负责的材料被送到一家回收加工厂。该公司随后被证实，这些材料经过粉碎、清洗、加工成塑料球，然后卖给顾客，制作类似的材料。

二号公司"绿色生命"（Green For Life）所负责的材料被送入垃圾发电厂，用于焚烧发电（更多关于焚烧的内容，请参阅第二章）。该公司被问及此事时表示，传统的回收方式确实是理想之策，但是没有客户愿意购买回收后的塑料。

三号公司"废物纽带"（Waste Connections）承诺会将塑料送到回收厂，但实际上垃圾去了垃圾填埋场。该公司对此没有给予任何回复。

加拿大的垃圾收集公司有义务回收路边的塑料垃圾（很多国家的法律中没有这一规定，包括美国的部分地区）。不过，工业废物、商业废物及公共废物则不在义务范围内，不禁令人丧气。至于如何弥补这一空缺，我们在下文中给出了一些建议。

回收过程需要调整

可见，回收也会遇到问题。不过，只要略加调整，回收依旧是缓解塑料问题的有效途径。下文我们将逐步探讨，如何从各个环节入手，对回收过程加以完善。

设计

在一件物品被扔进垃圾桶之前，甚至是它被放入你的购物车之前，制造商可以通过设计上的改变提高产品的可回收性，让产品易于回收，例如使用统一材料，制作出的产品可回收性更高。

选择包装时，制造商也应考虑材料的可回收性，避免使用不可回收的材料。这些可以通过立法甚至签署全球协议来实现。400 多家公司和组织签署了由艾伦·麦克阿瑟基金会（Ellen MacArthur Foundation）牵头，与联合国环境规划署合作的《新塑料经济全球承诺》（*New Plastics Economy Global Commitment*）。该承诺的一大目标是让所有包装都达到百分百可重复使用、可回收利用或可堆肥处理。签署协议的公司占全球塑料包装份额的 20%，尽管这些公司都签署了这一承诺，不过每个公司对于实现这一目标都有各自的时间规划。

回收面临的一大挑战在于，用于包装的塑料有超过30种。目前正在开发一种"超级塑料"，可以适用于各种形式和功能。这种塑料尚待开发，但一旦成功，便能满足多种性能需求，显著提高回收率。

右边的葡萄装在塑料盒里，旁边是由国际包装公司（DS Smith）设计的纸盒。2019年，该公司宣布与艾伦·麦克阿瑟基金会建立合作关系，用改变包装设计来推动循环经济。

收集

事实证明，政策有助于垃圾回收。美国部分州颁布了激励政策，鼓励人们收集瓶子，这些州的塑料回收率更高。俄勒冈州颁布了"瓶子法案"，即立法规定回收瓶子可以获得相应的退款。俄勒冈州饮料瓶回收率高达90%，是全美平均水平（29%）的3倍多。

回收公司几乎没有义务回收商业垃圾、工业垃圾和公共垃圾。加强对这些行业的监管和约束，可以激发企业的社会责任感。

分类

回收过程中，很多事超出了我们个人的能力范围。但你能做的是确保回收物干净，了解市里的规定，哪些可回收、哪些不能。再宏观一点，市政府需要做的是投放广告，不仅要宣传不同的垃圾如何分类，还要介绍回收的垃圾到底会变成什么。2019年的一项研究发现，消费者被告知垃圾将被转化成什么后，更有可能参与垃圾分类回收。

关于分类问题，另一个解决方案是回归旧的系统。对于污染率高的社区来说，多流系统（分类时将纸张、金属和塑料分开）可能更为有效，可以督促居民在垃圾分类时多加注意。而单流系统则会带来很多愿望式回收，一些不可回收的物品也会被扔进垃圾箱。

台北人民用卡车分类可回收物品，每天循环两次。中国台湾曾被称为"垃圾岛"，采取严格的回收计划后，已转变为世界上垃圾回收最高效的地区之一。

加工

总的来说，回收物的加工一般由机器完成：切碎，熔化，重塑成塑料球。正如我们所知，这一过程会改变塑料的属性，降低塑料聚合物的质量。不过，科学家们正在研究塑料回收加工的新方法，使加工后的塑料宛若新生。用化学方法回收塑料，可以将其分解成原来的结构。如果这一方法成立，就代表塑料可以无限回收，质量不会下降。日本川崎的一家工厂已经采用了气化技术，每年可处理塑料超过6.3万吨。气化技术属于化学回收技术的一种，可以将塑料转化为合成气体（主要由氢气和一氧化碳组成）。

生物可降解塑料

传统塑料的替代品主要分为两大类：生物塑料和生物可降解塑料。它们听上去一样，但其实相距甚远。

生物塑料产自可再生的生物质，生物质是指一切有过生命的物体，包括植物提取物和动物提取物。最常见的生物塑料是聚乳酸（PLA），提取自玉米淀粉、木薯或甘蔗中的糖。你说如何把玉米粒变成塑料？磨碎玉米粒，将油从淀粉中去除。淀粉由一长串分子组成，加入柠檬酸作为催化剂将淀粉分子缝合在一起，形成长链聚合物。PLA以多种形式存在，可用于制作薄膜、瓶子、泡沫、餐具、纺织品和汽车零部件。

生物可降解塑料能被活的有机体（通常是微生物）分解成基本化合物：水、二氧化碳和生物质。这些产品有时由生物塑料制成，但大多数来自化石燃料。与传统塑料的不同之处在于，生物可降解塑料中加入了生物降解添加剂。

总的来说，大多数生物塑料可由生物降解，也有少部分例外。一小部分生物降解塑料由生物塑料制成，而大多数并非如此。

会降解吗？不一定

物品上可能贴有可生物降解的标签，但我们怎么知道是否属实呢？如果我们把它放在窗台上，它会在几周内变成灰尘吗？为了找到答案，英国普利茅斯大学的科学家们进行了一系列实验（比窗台测试更严谨）。他们测试了两种情况：把可降解塑料袋和传统塑料袋在土壤里埋3年；把以上两种塑料袋在水中浸泡3年。结果如何？两种情况下，可降解塑料袋和传统塑料袋都保持原有的形状和强度。即使掩埋或浸泡3年后，可降解塑料袋仍然可以装2千克的货物，不会破裂。这与大多数消费者对可降解塑料的期望有出入。许多塑料替代品需要特定的条件才会分解，这一点将在后文进行解释。

垃圾去哪儿了

可生物降解、可堆肥处理、生物塑料……各种各样的术语

塑料可能永远不会完全降解，甚至生物可降解塑料也是如此，但塑料可以转化成新的东西。科学家们已经设计出一种化学回收流程，将聚乙烯和聚丙烯等塑料废料转化成汽油。

食塑料的细菌

大多数塑料的显著特征是无法被生物降解。但2016年，人们发现了一种名为"神奇细菌"（Ideonella sakaiensis）的罕见细菌，它可以吃塑料！科学家们迅速展开工作，研究这些微生物是否能大规模运用。

目前，该细菌一个菌落可以降解一个PET瓶，时间几周到几个月不等。与数百年前相比，这已属于神速。过去只能等待瓶子自行降解，速度相当慢，无法推广到工业等领域。针对这一问题，一种方法是用自适应进化实验室进行观察，哪些细菌最善于消化塑料，就被拿来培育下一代。

另一种方法与酶相关，也颇有前途，这类酶在10个小时内可将1吨塑料瓶降解到剩余90%。剩下的化学结构用于创造新的食品级塑料。这一发现发表于2020年4月，研究人员已与食品饮料行业及美妆行业的公司合作，如百事可乐和欧莱雅。

尽管可能性众多，但专家提醒使用细菌会有一定风险。实验室中食塑料的微生物一旦出逃，就会肆意降解塑料，破坏我们这个建立在塑料之上的美好世界。

可能会让我们陷入混乱，无法确定到底该把垃圾丢进哪个垃圾箱。可生物降解塑料应该放在堆肥箱还是回收箱？还是应该被送去填埋？

这种混乱可能与3个因素有关：第一，各市镇处理这些材料的能力各不相同；第二，生物可降解塑料和生物塑料并不相同，它们由不同的成分组成；第三，包装上缺少说明，就算有也并不清晰。例如，在瑞典的一个音乐节上，食品摊贩用玉米淀粉制成的盘子供应菜肴。参加节日活动的人以为这些盘子会被分解（就像苹果核一样），所以没有把盘子扔进堆肥箱，而是直接扔在地上。

的确，部分生物塑料和生物可降解塑料随手一扔或扔进家庭堆肥器都可以分解，但大多数（比如玉米淀粉制成的盘子）还是需要特定的条件才行，比如置于工业堆肥器中。塑料替代物还可能需要长期处于57摄氏度或更高的温度下才能分解。想象一下，如果它们意外地落入海中，需要这样苛刻的条件才能降解，那分解就成了不可能的事。如果随意地把这些塑料替代品丢弃在环境中，不但会危及生态系统，而且会威胁动物的安全。

尽管有很多制造塑料的材料可以选择，但99%的塑料仍然来自化石燃料。考虑到这一点，市政当局投资建设生产设施时，当然更倾向于化石燃料，而不是生物塑料。这就是典型的先有鸡还是先有蛋的问题——如果有办法处理垃圾，就会有更多的生物塑料，但只有生物塑料的量到达一定程度，政府才会考虑建造垃圾处理设施。不幸的是，在这些设施进入社区之前，只能把生物塑料垃圾随意地丢进垃圾堆里，这是目前最合适的选择。

新材料

如今大规模使用的生物塑料有其缺陷，我们不该停下脚步，而应不断寻找更好的材料。以下是一些颇具创意的塑料包装替代品：

- **虾壳丝**。虾壳丝是哈佛大学实验室的产品，质地透明，价格低廉，由壳聚糖（虾的外骨骼中的一种结构元素）和昆虫的丝蛋白制成，适用于制造柔性薄膜和刚性形状的材料。
- **菌丝体**。蘑菇是一种神奇的生物，有着错综复杂的根系网络，叫做菌丝体。而这些根系正以一种意想不到的方式用于制造包装。一家美国公司（Ecovative）将农业废弃物和木屑收集起来，作为生长介质培养菌丝体。菌丝体能分解废弃物和木屑，并用白色的根基质将它们包裹起来。然后根据所需的包装，将其放到不同的模具中。短短几天，菌丝体就会长成固体结构，形状根据模具而定。最后将菌丝体包装进行干燥，中止其生长过程。菌丝体包装在外观上可与挤制加工后的聚苯乙烯相媲美，却是一种无毒、可堆肥处理的包装材料，可以制成各种形状。
- **水球**。咬一口就能喝到水，你敢想象吗？"跳跃岩石实验室"是一家刚起步的公司，创立了一款无包装的水球，咬一口相当于喝了好几口水。其制作方法是，将冰球浸入植物和海藻提取物中（该公司称这种材料为Notpla），冰化成水后，周围就包裹着一层可食用的膜。把水球放进嘴里咬一口，即可把水咽下，同时植物膜也一并吞下。如果在跑步比赛中用水球代替水杯，光一场纽约市马拉松就能节省230万个塑料杯。该公司还用这种材料生产可堆肥处理的调味袋。

美国公司Ecovative的联合创始人加文·麦金太尔（Gavin Mcintyre, 图左）、埃本·拜耳（Eben Bayer, 图右）与部分菌丝体产品合影。

禁令与征税

调查的192个国家中，近2/3（127个）都以某种形式立法限制使用一次性塑料袋，包括全面禁止、部分禁止和征税等。例子如下：

世界各地的案例研究

以下3个案例来自世界各地，禁令和征税的方法各不相同。本节回顾这些策略的有效性。

无包装的食品发展的一大阻碍在于人类心理与行为。例如，曾经出现过无包装酸奶，用可食用的"维基细胞"替代传统包装，但消费者对此并不买账，最终还是以失败告终。

在挪威，解决塑料问题这一责任落在了生产商头上。如果生产商将塑料袋等包装流入市场，就要负责资助收集、分类、回收使用过的包装。

美国联邦层面上没有颁布任何法规，但有一些市级和州级禁令，包括加利福尼亚州、康涅狄格州、特拉华州、夏威夷州、缅因州、纽约州、俄勒冈州和佛蒙特州等8个州。然而，有14个州的法规实际上在和塑料袋禁令唱反调。

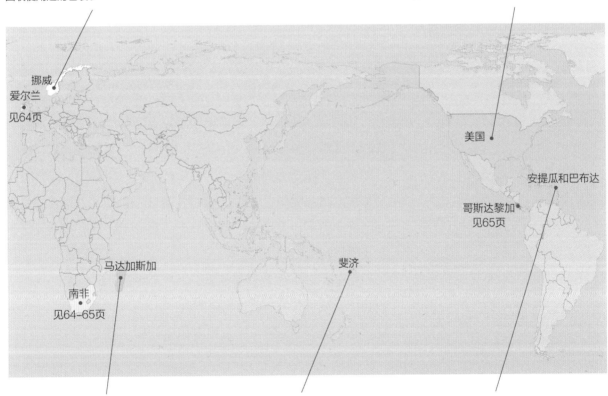

有38个国家对塑料袋的厚度进行规定。原因是薄塑料袋更容易堵塞处理垃圾的机器，也更容易散布到自然环境中。例如，马达加斯加不允许使用厚度小于50微米（约为标准纸厚度的一半）的袋子。

斐济每个塑料袋的税额为10美分。

安提瓜和巴布达禁止进口、分发、销售或使用塑料购物袋，对于违反规定者，可处以1万美元的罚款和最高1年的监禁。不过用于农业、卫生或废物储存的袋子属于例外。

在爱尔兰的都柏林，塑料袋等垃圾随处可见。

爱尔兰：对消费者征税

20世纪90年代，塑料袋垃圾成了爱尔兰的一大难题。居民平均每年使用328个塑料袋，仅塑料袋就占垃圾总量的5%。1998年，在爱尔兰环境部门、文化保护部门和地方政府的委托下，一项研究调查了公民愿意为塑料袋支付多少钱。调查结果为0.024欧元*。然后他们把这一价格乘以6，得到了0.144欧元。2002年，"塑料税"规定正式推出。爱尔兰政府公布这一规定时，并非一声不响，而是在各大媒体上介绍这一制度对环境的好处，发起了一场声势浩大的宣传活动。此举一出，得到了爱尔兰市民的强烈认同，这一规定也随之大受欢迎。一年内，爱尔兰的塑料袋使用量下降了90%。塑料袋只占垃圾总量的0.22%，平均每人每年只使用21个塑料袋。

然而，随着时间的推移，塑料袋的使用量开始缓慢回升，塑料税问世4年后，塑料袋年均使用量上升至31袋。政府随后通过立法，允许对税额进行调整。而后税额上升至0.22欧元，年均使用量随之回落至21袋。这一例子生动地表明，政府需要对政策加以实时监测，并做出适当的调整。

南非：对零售商采取禁令和征税相结合

20世纪90年代末，南非的塑料垃圾情况非常糟糕，人们一度戏谑地将塑料垃圾称为南非"新国花"。面对此情此景，南非开始禁止使用所有厚度小于30微米的一次性塑料袋，并对零售商征税，折合后相当于每个一次性塑料袋0.03美元，所得收入用于建立非营利组织（Buvisa-e-Bag），致力于促进废物减量化和垃圾回收利用。

如今，税额已增长到每袋0.08美元左右，部分零售商也采取相应对策，即向消费者收取费用，每个塑料袋收0.35~0.75美元。塑料袋费用不断上涨，对贫困地区影响最大，当地人民长途运输货物离不开塑料袋。起初，征税的确有效果，但最终塑料袋的使用量恢复到了之前的水平。上文提到的非营利组织最终也关闭了，后来人们发现，实际只有13%的税收收入真正用于该组织。

南非的教训告诉我们，要让公众参与进来：对于为何实施禁令，消费者和零售商并不知情，难免参与度不高。此外，还需要建立制衡机制，确保规定得到严格遵守，且制定的税费必须合理，既能激励零售商积极改变，又不至于造成太重的负担，否则苦果依旧由消费者承担。

哥斯达黎加：彻底禁用一次性塑料

2017年世界环境日，哥斯达黎加政府宣布，2021年禁用所有一次性塑料。哥斯达黎加政府的雄心与谋略可见一斑。这项禁令不仅致力于禁用塑料袋和塑料瓶，还将努力让吸管、聚苯乙烯容器、塑料餐具等一次性用品淡出人们的生活。政府计划在6个月内用可生物降解的塑料制品代替一次性用品。尽管生物可降解塑料依旧存在一系列问题，但6个月的时限代表着政府管控的决心。

哥斯达黎加圣罗莎国家公园的南西特海滩上，浮木和塑料垃圾混杂在一起。

如何改善禁令和征税

世界上很多国家都在对使用塑料用品实行各式各样的禁令和征税。那为什么地球上还有这么多塑料垃圾呢？我们将从以下几个方面来探讨哪些方法可以改善废物管理措施：

- **管理塑料要贯穿其整个生命周期。** 尽管已有几项禁令对塑料袋零售进行限制，但法律还存在诸多空缺，无法涵盖塑料的整个生命周期。要让禁令真的起到作用，需从塑料袋的制造、使用、分销、交易和处理等各个环节进行规范。

- **权衡部分禁令和全面禁令。** 大多数国家采用部分禁令，而非全面禁令，比如法国、意大利和印度，这些国家并非完全禁用塑料袋，只是对其厚度有限制。生产商只要稍加变通，依旧有空子可钻。

- **鼓励使用非一次性用品。** 与其惩罚使用一次性用品的人，不如用津贴来奖励使用非一次性用品的人，后者更加行之有效。零售商通常不会为此付出任何代价。

禁令并不适用于所有人

对一些人来说，非一次性用品既少见又不实用。例如，塑料吸管柔软易弯曲，饮用起来很方便，而金属或玻璃吸管则有窒息的风险。此外塑料替代品也并不总是更环保，生产木材和金属等材料消耗的自然资源更多，排出的二氧化碳也更多，对环境影响更大。尽管禁令和征税有助于改变消费行为，但同时也要明白，这不是一个非黑即白的问题，而是存在灰色地带。

清理

接下来会介绍清理海洋垃圾和塑料垃圾的一些策略和创意。也许有人会反对说，在清洁上投资经费和能源无异于徒劳，应该把重点放在"拧紧"垃圾进入环境的"水龙头"。当然，我们需要减少塑料消费，投资垃圾管理，矫正我们对塑料的痴迷。然而据估计，已经有1.5亿吨的塑料垃圾流入海里，对野生生物造成了无法估量的伤害。清理并不能治本，却也是治标的有力手段。

清理海岸线

30多年来，海洋保护协会一直坚持组织"国际海岸清理运动"。活动中会清理海滩和水道上的垃圾，并对收集到的垃圾进行记录。这一运动已扩大到100多个国家，在每年9月的第3个星期六举行（遗憾地错过了？你不妨任选一天，在社区里组织一次大扫除）。2018年，来自122个国家的100多万人参加了这项活动。以下是当年活动收集的十大类垃圾：

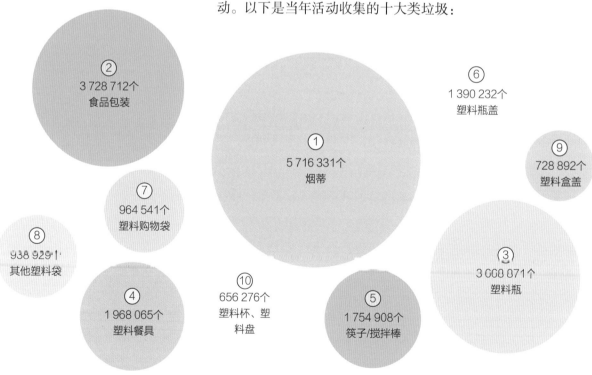

② 3 728 712个 食品包装

⑥ 1 390 232个 塑料瓶盖

① 5 716 331个 烟蒂

⑨ 728 892个 塑料盒盖

⑦ 964 541个 塑料购物袋

⑧ 938 929个 其他塑料袋

③ 3 008 071个 塑料瓶

④ 1 968 065个 塑料餐具

⑩ 656 276个 塑料杯、塑料盘

⑤ 1 754 908个 筷子/搅拌棒

由于海里的塑料垃圾有80%来自陆地，所以即使在社区清理垃圾也能帮上大忙，能很大限度减少塑料污染。

垃圾轮先生

美国巴尔的摩是垃圾轮先生的家乡（当然也是垃圾轮家族的家乡，其他成员包括：垃圾轮教授、垃圾轮船长和还没取名的第四名成员）。这些机器长15.2米，形状像软体动物，把巴尔的摩港的清洁工作做得相当出色，有效地清理了海水里的垃圾。

垃圾轮先生用两个吊臂将河流中的垃圾推向传送带，传送带由太阳能和水轮驱动，将垃圾带上斜坡，倒入垃圾箱。垃圾箱装满后，船只就会把垃圾运到焚烧炉，转化成能源。未来还计划让垃圾轮先生进行垃圾分类和回收等工作。

到目前为止，垃圾轮家族已经在港口清理了1230吨垃圾，包括：

- 1 714 398个烟头
- 1 161 782个泡沫容器
- 160 924个塑料瓶
- 701 662个塑料袋

- 4468个球（体育用）
- 一个桶
- 一个吉他
- 一条蟒蛇

目前，美国各个城市都计划安装垃圾轮，包括加利福尼亚州的新港海滩、佐治亚州的布伦瑞克和威斯康星州的密尔沃基。

垃圾轮先生于2014年安装在琼斯瀑布河与巴尔的摩内港的交汇处。

海上垃圾桶

　　把海上垃圾桶想象成海水中的垃圾桶。海上垃圾桶在水面随着潮汐上下浮动，吸取海水，并将垃圾吸入垃圾桶内的捕集袋中。然后再将干净的海水泵回海洋，只留下垃圾。这种垃圾桶每只最多能装20千克垃圾，它的网眼只有2毫米宽，所以能把很小的塑料困在里面。必要时，袋子一天可更换好几次。目前全世界有860只海上垃圾桶，每天可捕获3612.8千克的垃圾。截止到作者撰写本书时，海上垃圾桶已经清理了超过80万千克垃圾。

图为"海洋清理"项目001/B系统在太平洋进行测试，测试内容为收集尽可能多的塑料垃圾。

海洋清理组织

　　海洋清理组织正在开展一个浩大的清理项目，致力于清理90%的海洋塑料垃圾。该组织从海洋塑料垃圾最密集的太平洋垃圾带开始，在水面上铺设一根巨大的软管，软管上挂有一个挡板，悬在水下。水流推动装置移动，收拢并收集垃圾。漂浮的软管在水面上拦截体积较大的塑料垃圾，裙摆似的挡板则负责在水下拦截较小的颗粒。

魔鬼渔网

　　魔鬼渔网是废弃渔网的代名词，渔网废弃后还会以另一种方式继续捕杀鱼类和其他海洋生物，恐怖如斯，故称魔鬼渔网。据估计，有超过80万张渔网在风暴中遗失，有些和海底的珊瑚或其他渔网缠在一起。这些网由强力塑料纤维制成，意味着一张网可以在海里猖狂几个世纪而不坏。这一问题的解决方案有很多，包括建立激励机制，鼓励渔业公司或个体渔民对渔具的丢失情况进行报备；在港口建立设施，收集落入海中的渔具；在渔具上安装GPS追踪器，确定遗失的位置，可以更加容易找回来。

乱丢垃圾，谁是罪魁祸首？

我们都知道乱丢垃圾是不好的行为。但你知道吗？反垃圾运动诞生的目的并不纯粹。20世纪50年代，由于塑料使用便捷，承重性好，塑料消费兴起，这种风气带来了更多的污染。迫于舆论压力，立法机构开始考虑制定法规，要求制造商（尤其是包装行业）承担起责任，从源头减少塑料垃圾。

对以盈利为目的的公司而言，这可谓是致命性的打击。包装公司开始大力游说，反对这些政策。为撇清责任、美化形象，可口可乐和迪克西杯等公司的领导者一起制定计划，最终一场以"保护美丽的美国"为口号、反对乱丢垃圾的大规模宣传活动兴起——针对的是个人而非企业。

反垃圾、
反污染，
任重而道远。

"哭泣的印第安人"铁眼科迪（Iron Eyes Cody）是"保护美丽的美国"运动的主角（由非印第安演员扮演），他面对着被污染的土地，流下了一滴眼泪，并因此而闻名。

这次宣传活动基本上推翻了原来的说法，把乱丢垃圾的责任推到个人身上。而制造商是这项运动的最大赢家。如今，美国有不少反乱扔垃圾的法律针对个人，但很少有法律管控整个包装行业。

虽然起初并不顺利，也经历过几次失败，但从2019年10月开始，这款装置成功开始收集塑料。

这一项目遭受了不少质疑，包括设备可能危及海洋动物等。因此，不断监控、实时修正是项目成功的必要条件。

循环经济

世界经济模式的91%呈线性，意味着大多数商品都遵循"获取—制造—丢弃"的模式，沿着直线运行。我们"获取"化石燃料等资源，"制造"塑料产品，然后"丢弃"到垃圾填埋场。我们通常认为这种模式最简单也最实惠，但这一论断建立在两个错误的假设之上：

1. 资源是无限的。
2. 空间是无限的。

除此之外还有一个选择，叫做循环经济。这一模式与前面提到的六个"用"密切相关，不过已不再停留在个人层面。以下是循环经济的一些例子。

衣架

博安福（Brainform）公司是世界上最大的衣架供应商之一，与其他公司不同，其80%的商品（衣架）可重复使用。2014年，该公司从零售商那里回收了5.4亿个衣架，其中有4.3亿个被再次利用。那些条件不符合再利用标准的衣架则统一粉碎制成新的衣架，共有3000万个衣架由废物制成。

路普公司运输时采用专门的耐用手提袋，避免使用纸板箱、气泡纸和冰袋等一次性包装材料。

"送奶工模式"

一家名为路普（Loop）的新公司已与几个品牌合作，再现"送奶工"模式。比方说，将冰淇淋装在可重复使用的容器里，送货上门，消费者不必再去商店买吃完就将包装扔掉的冰淇淋。待客户使用完毕后，再将容器回收，清洗，再利用。该公司正在尝试将这一模式迁移到其他产品上，包括洗发水、橄榄油和洗衣粉等。

"零废物"商店

全球范围内，零废物商店越来越普遍。顾客自带可重复使用的清洁容器，先称重量，然后盛入散装谷物、香料、油、农产品、牛奶、化妆品，甚至肉类。养成自带容器的习惯，也许这样的购物模式就会成为下一个新风尚。你的镇上没有零废物

商店吗？不如问问附近的杂货店，是否允许自己带容器。店家也许很乐意把切片奶酪或肉类直接装在你自带的容器里。

消费者正在寻找更加环保的购物方式，因此在许多城镇，零废物商店正日渐风靡。

二手商品

你是否曾想购买二手商品，但不确定其质量如何，是否安全？苏格兰正在推行名为"循环再利用"（Revolve Reuse）的质量标准认证项目。这个第三方认证项目给予认证前，会为企业提供培训，安排神秘访客，并对企业作出其他立法方面的承诺。这一项目相当于顾客定心丸，凡是认证了"循环"（Revolve）标准的商家，在质量和安全方面均有保障，这也会为商家增加销量。在2020年，已有30家商店通过认证，20多家正在进行认证，这些商店的销售额均有所提高。

正如你所见，本章提出的解决方案没有一个是完美的，也没有一个可以彻底解决塑料问题。要想取得成效，需将这些方案并行互补，更需要公民的参与。向民众传达政策及执行方法时，要清楚地表明实行的目的及意义，这样才能有好的结果。

在接下来的两章中，我们将深入研究那些日常使用中最常见的塑料物品，并从个人的角度探讨如何减少自己的塑料足迹。

第四章

长期使用的塑料

放眼家中或是工作场所，（部分）塑料制品可能会陪伴我们一生，比如我们最喜欢的玩具或汽车。然而，如今我们越来越喜新厌旧，把旧物弃之如敝屣，不断购入最新的款式，不再像过去那样缝缝补补，凑合三年又三年。在这一章中，我们对长期使用的塑料物品进行了分类。

我们还研究了塑料物品的替代材料、替代商品的优缺点，调查了如何在日常习惯上做出改变。虽然有些材料看起来比塑料更"环保"，但事实并非如此。例如，汽车行业使用塑料后，可以制造出更轻便的车型，提高燃油效率。这些替代品中有许多不失为减少塑料足迹的有效方法，但也有不少滥竽充数的例子，属于典型的"漂绿"行为，这部分替代品反而会导致更多的浪费。

"漂绿"一词始创于1986年，形容一种虚假的环保宣传手段，让产品看起来比实际上更"绿色"环保。

你会发现，本章中会出现很多2升的苏打水瓶。由于本章中很多物品并非完全由塑料制成，其中的塑料含量用重量表示。为了使其更加直观，我们选择了2升的空塑料瓶——大多数人都接触过的东西——来帮助你更好地理解这一概念。

= 40克

换新法则

在产品换新前，不管你要用什么做替代，都请遵守以下五条法则：

- **质量为先**。制作精良、可长期使用的物品好过质量低下、离散架不远的物品。
- **能修不换**。在扔东西之前，先问问自己还能修好吗，也可以求助其他人，甚至可以把它重新改造成新的东西。
- **勤俭节约**。二手购物可以减少浪费，有助于物品流通。
- **能借不买**。借用可以有效减少不必要的消费。与其购买专门搭桌子的工具，或是参加婚礼穿的新衣服，不如先问问朋友有没有合适的可以借给你。
- **购前三思**。在购物之前，停顿片刻扪心自问："我真的需要吗？"

汽车

汽车可以把我们从甲地带到乙地。对某些人来说，汽车是身份的一部分，意义非凡。2016年的人口普查研究显示，美国平均每个家庭拥有1.8辆汽车。一家汽车研究公司分析表明，平均每个人一生中将拥有9.4辆汽车（本书中以人均80岁寿命进行统计和估算）。

20世纪50年代以来，汽车中塑料的含量逐步攀升，如今每辆汽车平均使用200千克塑料。美国汽车的平均重量超过1814千克，意味着塑料占总重量的11%。

考虑到目前塑料有取代玻璃的趋势，汽车中的塑料含量可能还会增加。目前，几乎所有汽车的大灯和尾灯都采用聚碳酸酯（PC），这一材料可能会进一步占领车窗市场。一些高端汽车制造商已经开始用碳纤维复合材料取代钢制车身。专业人士分析预测，到2030年，该材料的使用量将增加280%。

平均每人一生拥有9.4辆汽车

=

相当于1880千克塑料，
即47 000个2升空瓶的重量

碳纤维是什么？

碳纤维是由碳原子组成的微小纤维，直径比人的头发还要小5~10微米。这些纤维非常轻盈，却又非常结实，可以与塑料混合形成纤维增强聚合物，有时也被称为"碳纤维复合材料"。碳纤维的强度与重量的比值极高，是航空航天项目的理想材料。目前其生产成本高昂，但我们相信随着技术进步，价格下降，这种材料将会更多地运用于汽车当中。

配有碳纤维保险杠的豪华跑车。

杰·雷诺（Jay Leno）是一名喜剧演员，之前担任过深夜电视节目主持人，以其座驾多而闻名。据估计，他共拥有汽车181辆，摩托车160辆。其中许多都是老爷车，比塑料诞生得更早，所以很难估计他车库里到底有多少辆车由塑料制成，但应该数目不小。

为什么用塑料？

塑料的生产成本低廉，而且坚固轻便。其轻便的特点为汽车工业所青睐。重量轻意味着更高的燃料效率，更少地排放温室气体。对于以汽油为燃料的汽车而言，重量降低100千克，可以减少8克/千米的二氧化碳排放。

尽管使用塑料的初衷是减轻重量，但值得一提的是，汽车的体积并未因此变小，反而越造越大。1987年，汽车的塑料含量比现在少得多，但平均重量只有1461千克，比2020年的汽车平均重量还要少353千克。下表将对1987年与2019年的热门车型进行对比。

	福特护卫者（1987）	福特 F 系列（2019）
长度	4.3 米	5.3 米
宽度	1.7 米	2 米
高度	1.4 米	1.9 米
重量	1017 千克	1846 千克
重量 / 体积	99.4 千克 / 立方米	91.7 千克 / 立方米

换句话说，塑料可以让汽车以较小的质量获得更大的体积。

制造商之所以采用塑料，另一原因在于其可回收性。欧盟制定法律，要求汽车必须易于拆卸，且至少85%的汽车可重复使用或可回收利用，所以制造商制造汽车零件时，不得不考虑热塑性塑料，只需熔化就可制成新塑料。平均每辆汽车含有16%的塑料。

塑料用于何处？

一辆汽车会用到不同种类的塑料，以下塑料占比位列前三，占汽车中塑料的65%：

- 32%：聚丙烯（PP）
- 17%：聚氨酯（PUR）
- 16%：聚氯乙烯（PVC）

通过下面的示意图，我们可以了解一辆传统汽车中会有哪些塑料：

汽车中常见的塑料种类

丙烯腈-丁二烯-苯乙烯（ABS）
丙烯腈-苯乙烯-丙烯酸酯（ASA）
高密度聚乙烯（HDPE）
聚酰胺（PA）
聚丁烯对苯二酸酯（PBT）
聚碳酸酯（PC）
聚乙烯（PE）
聚对苯二甲酸乙二醇酯（PET）
聚甲基丙烯酸甲酯（PMMA）
聚甲醛（POM）
聚苯醚（PPE）
聚丙烯（PP）
聚苯乙烯（PS）
聚氨酯（PUR）
聚氯乙烯（PVC）
苯乙烯-马来酸酐（SMA）
不饱和聚酯（UP）

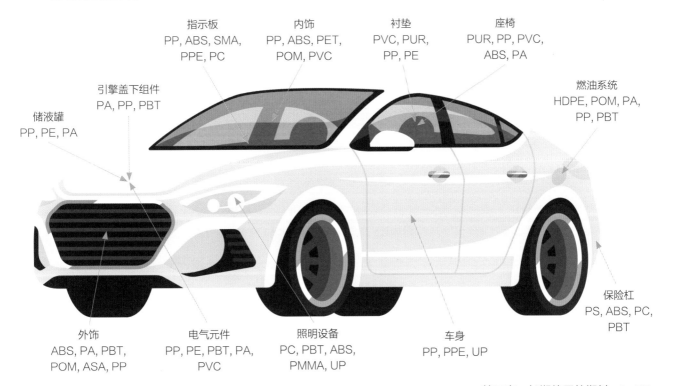

指示板
PP, ABS, SMA, PPE, PC

内饰
PP, ABS, PET, POM, PVC

衬垫
PVC, PUR, PP, PE

座椅
PUR, PP, PVC, ABS, PA

引擎盖下组件
PA, PP, PBT

燃油系统
HDPE, POM, PA, PP, PBT

储液罐
PP, PE, PA

外饰
ABS, PA, PBT, POM, ASA, PP

电气元件
PP, PE, PBT, PA, PVC

照明设备
PC, PBT, ABS, PMMA, UP

车身
PP, PPE, UP

保险杠
PS, ABS, PC, PBT

替代材料

1941年，世界上第一辆"塑料汽车"诞生，车身完全由塑料制成。与其他塑料不同，这种坚硬的材料并非由化石燃料制成，而是提取自大豆。这款原型车设计于美国密歇根州迪尔伯恩市格林菲尔德村的大豆实验室，设计时之所以采用塑料，部分原因在于第二次世界大战期间，钢材实行定量供应，不得不选择塑料。如今也有类似的原型车，一名来自美国佛罗里达的男士设计了一辆汽车，车身由大麻制成。设计者声称大麻的抗凹性是钢铁的十倍。然而，这两辆车都只是原型车，并未真正投入生产。

小建议：二手车

塑料尽管存在诸多问题，但对于汽车制造还是具有重大的意义。汽车可以持续使用很多年，不像一次性物品，用完就会被扔进垃圾填埋场。使用寿命结束时，汽车通常会被拆卸处理，部分部件会被重新利用或回收再利用。科学家们已经发明了其他类型的轻型材料来制造汽车，这些材料未来可能成为塑料的替代品。

总之，想要减少塑料足迹，最好的改变是少买汽车。当然，总有一天你会需要更换旧车，但如何判断那天是否真的到来了呢？如果你的汽车生锈后不再牢固，频繁修理后还是有安全隐患，或是刚刚经历严重的事故，那么为了安全起见，你还是有必要换一辆车。如果尚未如此，可以考虑再多跑几千米。此外，需要换车时，不妨考虑买辆二手车。

电子产品

整个地球每年丢弃大约5740万吨电子垃圾，多到可以装满100多万辆大型运输卡车。而且这个数字还在逐年增长。

塑料能使电子产品更轻便小巧，已然成为一种重要材料。但它仅占电子产品重量的17%左右。

最近的一项调查发现，96%的美国人都有手机，81%使用智能手机。自2011年以来，使用手机的人数已经增长了35%。至于其他电子产品，3/4的美国人拥有笔记本电脑或台式电脑，其中笔记本电脑占大多数。半数的美国人拥有平板电脑，同样半数人拥有电子阅读器。本节重点介绍两大热门电子产品——笔记本电脑和智能手机。

电子垃圾

不管我们出于什么原因丢弃电子产品，损坏，还是只是希望拥有最新的款式，大多数电子垃圾的宿命无外乎垃圾填埋场。联合国报告发现，80%的电子垃圾都会被扔进垃圾填埋场或焚化炉，且该数据以每年约40%的速度持续增长。世界上只有15%～25%的废旧电子产品得以回收或再利用。在美国，电子垃圾只占填埋场垃圾总量的2%，但这也意味着它占填埋场中有害物质的70%。

笔记本电脑

笔记本电脑的寿命是一个谜，往往它们上一秒运行得好好的，下一秒就坏了。人们平均每3～5年就会购买新电脑。电脑的重量有很大差异，有些不到1千克，有些接近4千克。折中一下，如果平均每4年换一次电脑，并假设你16岁时拥有人生的第一台电脑，到80岁，你大约会拥有16台笔记本电脑。如果一台笔记本电脑的平均重量是2.5千克，而这重量中17%来自塑料，那么每台笔记本电脑含有425克塑料。

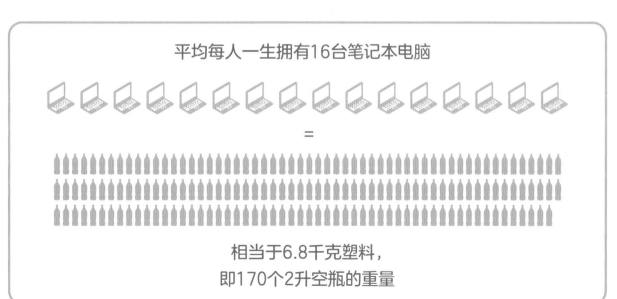

平均每人一生拥有16台笔记本电脑

=

相当于6.8千克塑料，
即170个2升空瓶的重量

塑料用于何处

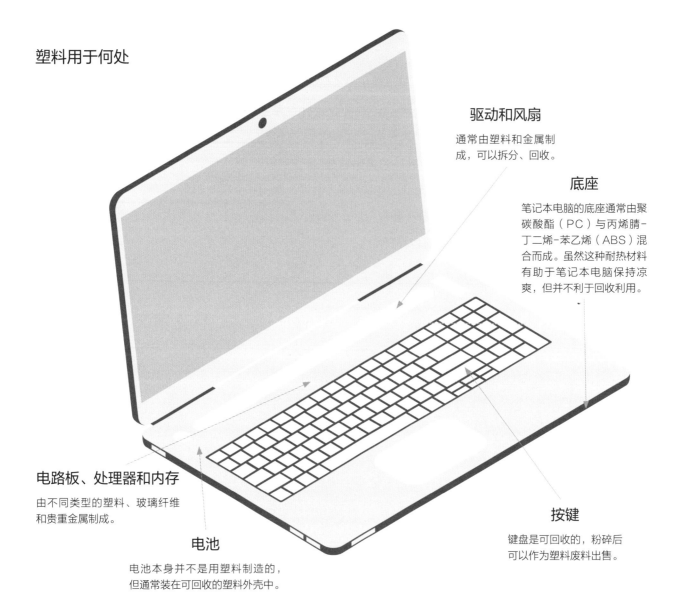

驱动和风扇

通常由塑料和金属制成，可以拆分、回收。

底座

笔记本电脑的底座通常由聚碳酸酯（PC）与丙烯腈-丁二烯-苯乙烯（ABS）混合而成。虽然这种耐热材料有助于笔记本电脑保持凉爽，但并不利于回收利用。

电路板、处理器和内存

由不同类型的塑料、玻璃纤维和贵重金属制成。

电池

电池本身并不是用塑料制造的，但通常装在可回收的塑料外壳中。

按键

键盘是可回收的，粉碎后可以作为塑料废料出售。

你应该买节能笔记本电脑吗？

设想一下这样的情景：你的笔记本电脑已经使用了3年，仍然运行良好，这时你发现新上市了一款时髦的节能笔记本电脑。问题来了，它会对减少碳排放有帮助吗？你有必要买吗？

最近，生态研究所（Öko-Institut）一项研究发现，对笔记本电脑来说，生产环节排放的二氧化碳最多，占56%。如果你的笔记本电脑用了5年，这5年的碳排放中，215千克来自生产环节，而使用的5年只会产生138千克。如果你舍弃旧电脑，转头去买所谓节能10%的新电脑，你需要坚持使用41年，才能抵消生产、分配和处理过程多排放的那部分二氧化碳。此外，生产笔记本电脑还需要大量的水。据估计，5万升水通过一座水电站产生的电量，只够熔炼出生产一台笔记本电脑所需的铝。

小建议：好好保养你的笔记本电脑

购买笔记本电脑后多用几年，是减少塑料垃圾的好方法。为此你需要好好保养你的电脑。积灰后的电脑容易过热，可能会损坏硬件。同时风扇为了散热需要全速运行，对电池也是一种损耗。定期清洁你的笔记本电脑，清除内部灰尘，可以提升笔记本电脑的性能。

如果你想购买一款新设备，可以考虑组装式笔记本电脑。这样你只需要更换升级部件，不用整台更换。

处理废旧笔记本电脑或其他废旧电子产品时，搜索你所在城市的处理点。许多城市都有专门处理电子垃圾的设施，也有一些企业会收集你的旧设备，如百思买（Best Buy）等。

戴尔电脑

虽然大多数笔记本电脑最终都会被扔进垃圾填埋场，但一些公司在回收创新方面走在行业前端。戴尔电脑公司（Dell Computers）策划了回收项目，将废旧笔记本电脑进行回收。自2014年以来，超过125件戴尔产品由回收塑料制造。除此之外，戴尔正在试验完全使用回收塑料制造包装，其中25%的塑料回收自海洋。

智能手机

智能手机中的计算系统比人类登月时使用的更为强大，但我们却把手机当作一次性用品使用。美国人每天会丢弃41.6万部手机，一年达到1.52亿部。根据移动设备以旧换新公司（HYLA Mobile）的数据，截至2019年，用于以旧换新的iPhone平均使用时长为2.92年，而人们首次使用智能手机的平均年龄是10岁。按照这个数据，如果一个人活到80岁，他一生会拥有24部智能手机。

2019年一款很受欢迎的手机型号是iPhone XR，重194克。参考平均值，这款手机中塑料占总重量的17%，可以计算出每台手机含有33克塑料。

平均每人一生会拥有24部智能手机

=

相当于792克塑料，
即近20个2升空瓶的重量

二手手机

　　如今智能手机交易市场不断扩大，二手市场也随之兴起。截至2020年，二手智能手机的市场价值约为300亿美元。二手手机的流通既减少了垃圾填埋场里的电子垃圾，又为消费者节省了大笔开支。

　　购买二手商品时需要考虑平台问题。如果从个人处购买，无论对方是你认识的人，还是二手交易网站上的陌生卖家，费用都可能节省20%～90%，但与陌生人交易存在一定风险。相比之下，实名网站费用更高，但手机的质量也更有保证，有时还会提供保修服务。如今，包括苹果和三星在内，很多公司开始销售翻新机。

手机壳

调查发现，86%的智能手机用户都会使用手机壳。手机壳一般用塑料制成，即便原料不是塑料，包装时也大概率会使用塑料。近五成手机用户还会使用屏幕保护膜，防止手机屏幕划花或破损，这层薄膜也是塑料制品。

所以是不是要把这些塑料手机配件都扔掉呢？倒也并非如此。虽然这些配件会产生塑料垃圾，但它们可以保护你的手机，从而有效降低更换手机的频率。制造手机消耗的资源可比那些配件要多得多。

维修为何难？

维修、保养电子产品可以延长其使用寿命，似乎是减少电子垃圾的首选方法。遗憾的是，苹果等电子产品制造商设下重重障碍，让维修变得越来越困难。2018年，苹果公司共售出手机（iPhone）2.17亿部，却并未向消费者或独立零售商提供任何维修工具与维修说明。iPhone上的特殊螺丝只有在苹果专卖店才能打开，而苹果公司生产的笔记本（Macbook）上装有芯片，一旦检测到第三方维修，设备便会锁定。当然，苹果公司并非个例，对于企业而言，让维修变得困难昂贵，也就是变相鼓励消费者放弃维修，转而购买新机。

为了遏制消费者用维修代替购买，制造商还采取了"计划性淘汰"策略（或"内置报废"），即产品设计时有意限制产品的使用寿命，这样的产品一段时间后就会过时或报废。比如运营商会强制用户进行系统更新，但新系统只与最新款手机兼容。

回收电子垃圾有风险

我们日复一日地购买电子产品，但只有其中一部分得到回收。回收旧设备时会发生什么呢？首先你要知道，电子垃圾相当于一座金矿，不是比喻，是真的金矿！1吨电子垃圾中黄金含量比开采7吨金矿石所得更多。除黄金之外，电子垃圾中还有其他有价值的矿物，如银、钯、铂、铝和铜。截至2016年，全球电子垃圾中可回收材料的价值约为550亿美元，这一数值甚至超

在加纳的阿克拉，许多年轻人将电脑和其他电子产品的电缆焚烧后回收其中的铜。

过了世界上绝大多数国家的GDP。

然而问题在于，从电子设备中回收矿产资源是一项害命伤财的高危工作，因此回收过程通常发生在劳工法和环境法较为宽松的国家。国际上出口的电子垃圾中约90%进入亚洲。工人在高温下熔化电子产品，再将金和铜刮入桶中。矿物熔化过程中会释放出二噁英烟雾，可能会引发长期性健康问题，包括损伤、脑疾、癌症等。如今，国际上要求那些富裕的国家对本国的电子垃圾负责，以一种更合乎道德（可能代价更高昂）的方式开采矿产资源。这一问题已讨论了很长时间，自1992年以来，国际上试图共同签署《巴塞尔公约》（*Basel Convention*）以限制电子垃圾跨境排放，目前已有180多个国家签署该公约，而美国尚未签署。

玩具

玩具有趣可爱，陪伴我们长大成人。如今90%的玩具都由塑料制成。用塑料制造玩具，可以追溯到第二次世界大战时期，当时木材、金属和橡胶等材料都实行定量供应，玩具制造商不得不寻找新的材料。塑料成本低廉又便于加工，一经应用，包括玩具在内的若干商品价格下跌。而后经历了战后婴儿潮❶，玩具的需求量又转而激增。

自那以后，孩子们多了许多玩伴。玩具产业规模庞大，在美国年销售额超200亿美元。美国一项研究以2～12岁儿童为调

❶ 婴儿潮（baby boom），指在某一时期及特定地区，出生率大幅度提升的现象。历史上有记载的几次婴儿潮，通常起因于振奋人心的事件，如农作物丰收、战争胜利及体育竞赛获胜等，但也存在迷信的因素。

查对象，发现平均每人收到过71件玩具，价值6617美元。受访家庭中，1/5家庭拥有100多件玩具，1/10家庭拥有200多件。英国另一项调查的数据则更为惊人。尽管在家长的印象中，孩子常玩的玩具大概也就只有12件左右，但研究发现平均每人拥有玩具238件。

市面上的玩具层出不穷，各式形状大小应有尽有。玩具制造商孩之宝（Hasbro）公司每年生产的系列产品中有2/3都是新产品。面对如此五花八门的玩具，如没有统一标准，很难衡量该领域的塑料使用情况。因此，我们决定选用"土豆先生"这款较为经典的玩具作为代表，并用其重量来计算塑料使用的平均值。该款玩具完全由塑料制成，算上所有配件，总重量达295克。

土豆先生因迪士尼《玩具总动员》而大受欢迎，已逾70岁高龄。这一形象最初由孩之宝公司于1949年制作，那时的玩具原料是真正的土豆。1964年，父母们纷纷抱怨在孩子床下发现发霉的土豆。于是孩之宝公司推出新款土豆先生，其身体用塑料做成。自那以来，土豆先生和土豆太太这两款玩具已在30个国家售出超过1亿件。

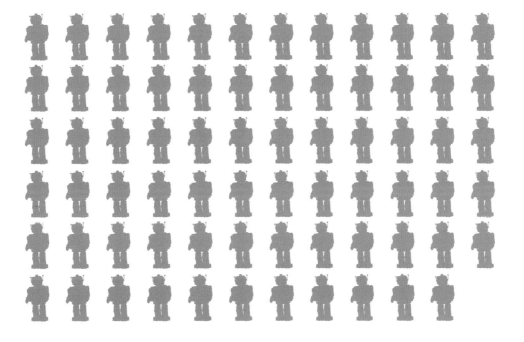

平均每个孩子一生中会拥有71件玩具

相当于20.9千克塑料

有些人担心塑料玩具会有毒性。虽然部分国家对此有严格规定，但许多玩具中仍然含有双酚 A（BPA）和邻苯二甲酸酯，而很多小孩喜欢把玩具放进嘴里，因此有一定安全隐患（关于 BPA 和邻苯二甲酸酯的信息见第一章）。

问题在于，大多数玩具最后都被扔进垃圾填埋场。玩具通常由不同材料混合而成，因此很难回收利用。不过幸好玩具通常会使用很长时间：研究报告发现，玩具在进入填埋场之前一般可以使用15～20年。一项调查以2000名父母为对象，发现81%的父母会重新利用孩子的玩具，比如送给家里年纪更小的小孩。其中，积木、教育类玩具、自行车等最为常见。近60%的父母仍然保留着那些流传了几代的玩具。

二手玩具

玩具固然重要，但很可能你的宝贝已经拥有太多玩具。下次给孩子准备礼物时，不妨考虑那些更有意义的活动，比如看电影、逛博物馆、参加体育活动，或亲子二人世界，共进午餐。有些活动比较实惠甚至无需消费，比如徒步旅行、烤饼干、制作橡皮泥。

如果你想要新玩具，不如先看看朋友和亲戚能给你什么，可能他们刚好有不要的玩具要处理。此外也有很多渠道可以购买二手玩具。

电子游戏

电子游戏也是玩具世界的一部分，游戏机从外壳到内部控制器，大部分都由塑料做成，当然每个游戏机具体情况各异。67%的美国人（约2.11亿人）玩电子游戏，80%的美国家庭拥有游戏设备或游戏机。近几年任天堂游戏机（Switch）很受欢迎，截至2023年底，销量超过1亿3000万台。电子游戏机与大多数玩具一样，可以陪伴我们很长一段时光。二手的"复古"游戏也有很大市场。因此在丢弃旧的游戏设备之前，可以考虑转售或捐赠。

一名玩家在任天堂Switch上玩《堡垒之夜》。

少即是多，过犹不及

众所周知，玩具对孩子的成长至关重要，但一个孩子到底需要多少玩具呢？最近托莱多大学进行了一项研究，邀请了36名儿童（当然还有他们的父母）在一个房间里玩耍30分钟。孩子们被分成两组，第一组每人分到16件玩具，第2组每人只有4件。只分到4件玩具的孩子在单个玩具上花费的时间更长，也更有创造力——换句话说，他们的游戏质量更高。

如果你想给孩子买那些由替代材料制成的玩具，不妨试试木制玩具。木制玩具的首次书面记载要追溯到公元前500年（木制溜溜球起源于古希腊），木头直到现在仍是一种可生物降解的耐用材料。如果遇到五颜六色的玩具，切记要查看标签，确认所用染料或密封剂是否为食品级，涂料是否为水溶性的。因为传统涂料含有铅，可能会导致严重的认知障碍。

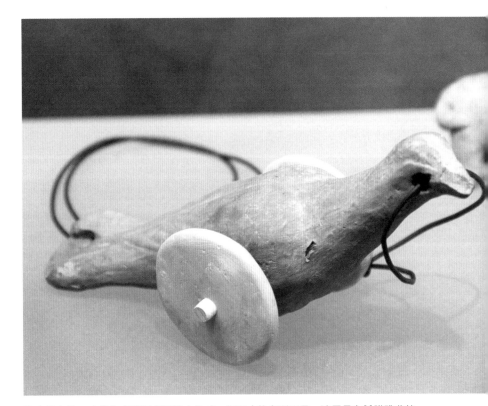

除木头之外，古代许多玩具都用黏土做成，如图中的鸟形玩具。该展品在希腊雅典的基克拉迪艺术博物馆展出。

取消赠品玩具

长期以来，免费玩具一直是儿童快餐食品套餐的一部分。但这些玩具通常只被玩了一小会儿，有些甚至没有拆掉塑料包装就被扔进垃圾桶。考虑到这一点，汉堡王承诺到2025年将停止在儿童餐中使用不可降解的玩具。其他快餐连锁店也纷纷效仿，有些地方的麦当劳允许孩子在玩具和书本之间二选一。

纺织厂将含染料的废水排入长江。纺织印染业是全球水资源的一大污染源。

纺织品

纺织品是由编织工艺用材料或布料制成的。纺织业规模庞大，涉及服装、家具、地毯、亚麻制品等，床单和毛巾都是纺织品。纺织业曾以棉花等天然纤维为主要原料，但如今63%的纺织品由塑料纤维制成，26%由棉花制成，剩下的11%则属于其他材料。如第二章所述，合成纺织纤维的生产过程会产生大量碳排放。纺织工业（包括天然纤维在内）每年排放二氧化碳2亿吨，相当于所有航空海运航班一年碳排放量的总和。此外，纺织印染业是全球第二大水污染源，占工业水污染总量的17%～20%，仅次于农业。

纺织废弃物逐年增加，每一秒都有一整车纺织废弃物被送至填埋场或被烧毁。在美国，纺织品占垃圾填埋场垃圾的7.6%。而在北美，平均每人每年丢弃纺织废弃物37千克。每年美国有950万吨垃圾在垃圾填埋场中堆积。时装行业是塑料问题的重要来源，占据本节大部分篇幅。在此之前，我想先谈谈我们日常使用的家具、地毯和亚麻制品。

家具

有些家庭的家具可以保存几代，有些家具则寿命较短。研究估计，家用沙发的寿命大约为11年。假设你在20岁买了属于自己的第一张沙发，那么你一生中大约会用掉7张沙发。这一数字可能还比较保守，如今"家居快时尚" ❶ 之风兴起，家具更便宜，也更舍得丢弃换新。1960年，美国人共丢弃家具180万吨；而到2019年这一数值已跃至1090万吨，增幅甚至超过人口增长的幅度。其中部分家具焚烧后充当能源（19.5%），但大部分被填埋处理（80.2%）。

家具购买指南

带新家具回家前可以考虑以下建议。

❶ 就像服装中的快时尚一样，家居快时尚（fast furniture）已成为当今趋势。——译者注

- 购买容易拆卸的家具。可拆卸的家具不同于几十种层次化材料做成的办公椅，不仅更容易回收利用，坏了也更容易修理。
- **注意保养。**家具只要保养得好，就能用得久一些。记得查看沙发的护理说明，学习如何去除沙发上的污渍。
- **购买二手家具。**购买二手家具有助于减少垃圾填埋场的废旧家具。几十年前，也就是快时尚家具出现以前的家具，质量一般更好。
- **购买本地产品。**从本地制造商处购买家具，可以减少温室气体排放。购买本地产品不仅可以免去长途运输，而且基本都是就地取材，有助于支持本地经济发展。
- **比较不同的材料。**可以考虑购买非塑料家具，但一定要仔细研究使用这些材料可能造成的影响。举个例子，如今全球都面临森林砍伐的乱象，主要集中于热带地区，而用本地硬木造椅子则比用热带树木影响小得多。另外，有一种竹子（实际上是一种草）每40分钟便可长一英寸（2.54厘米），似乎是理想的原材料。然而，这种竹子生长需要大量水分，而用于黏连竹制品的胶水中往往含有甲醛。因此这一材料是否真的适合取代塑料还有待商榷。

办公家具

你可能会颇感惊讶，美国环境保护署（EPA）报告指出，在美国，每年有800万吨办公家具被当作废物丢弃。由于很多都是复合材料，因此很难计算其中的塑料含量。例如，一个小隔间的重量在136千克到317千克之间不等，大部分是金属、木材和塑料纤维混合物。你所坐的办公椅可能由几十种材料制成，几乎不可能回收利用。

地毯

根据美国环境保护署（EPA，下文简称为美国环保署）的数据，美国每年丢弃300万吨地毯，大约占垃圾填埋场垃圾的1%～2%，相当于每人每年扔掉大约9.5千克地毯。平均来说，家用地毯有92%～94%由塑料制成，而商业地毯几乎100%由塑料纤维所制。

模块地毯

下次购置新地毯时，不妨考虑地毯瓷砖。地毯瓷砖也称"模块地毯"，这类地毯衬底更厚，所以生产时需要更多的材料，但从长远来看还是更加节省。何出此言？因为地毯瓷砖磨损或污损后，只需更换新瓷砖，不必换掉整个地毯。

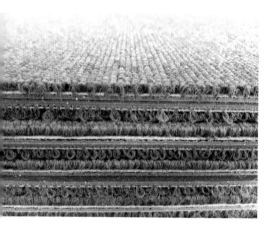
模块地毯流行于办公室等商业环境，也有很多易于安装的款式可供家用选择。

另一个建议是确保地毯厂家有全方位的售后服务。有些公司会提供废弃地毯回收服务，比起垃圾填埋场，回收是地毯更好的归宿。

床单

美国环保署对毛巾、床单和枕套进行统计，数据显示2015年美国有1万吨亚麻布填埋处理。而另一项研究调查了1000名群众，发现超过半数受访者每年都会购买新的亚麻制品。这样看来，有如此多亚麻布被填埋也就不足为奇了。

亚麻布

法国的一项研究调查了不同床单的寿命，涉及八类床单，有棉的，有涤纶混纺的，还有一些采用了"易护理"技术，减少了熨烫的需要，染色也有深有浅。该研究得出结论，论对环境的影响，没有任何一种床单称得上出类拔萃。为了让床单不起皱，易护理技术使用了更多的化学物质（这对环境有负面影响），但这种处理延长了床单寿命，免除熨烫，从而节省了能源。论颜色深浅，浅色床单持色时间比深色床单长1.5倍（不易褪色意味着更耐用，因此一般被认为质量更好）。

服装

2015年，美国服装年销售额几乎比十年前翻了一番，从1万亿美元跃至1.8万亿美元，预计到2025年将增加到2.1万亿美元。与20年前相比，服装的购买量增加了400%。2014年，平均每个北美人购买16千克的新衣服——重量相当于64件T恤，或16条牛仔裤。如今超过60%的衣物由塑料纤维制成，因此每年我们衣柜里新增的衣服需要用到6千克塑料。

这一估值涵盖婴儿时期和童年时期；虽然那时你的衣服比现在小得多，但你正值发育阶段，换衣服的速度也快得多。

平均每人一生会因购买衣物消耗768千克塑料

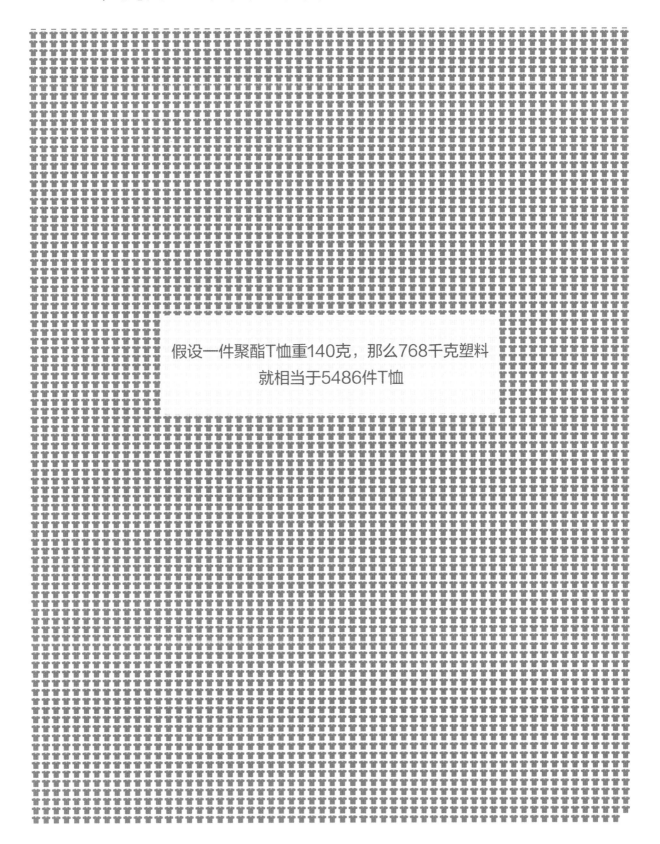

假设一件聚酯T恤重140克，那么768千克塑料
就相当于5486件T恤

拉纳广场位于孟加拉国的达卡，是一家八层楼的服装厂。其意外坍塌暴露了时装业法律意识有待加强的潜在风险，被认为是时装业有史以来最严重的一次事故。拉纳广场有四层楼搭建时并未取得许可。2013年大楼倒塌时，共有1134人死亡，2500多人受伤。

然而，这种过度消费在全球范围内并非平均分布。全球平均每人购买新衣服5千克。在中东和非洲，平均购买量为2千克。而中国人均购买量为6千克，预计到2030年，将增长至11千克到16千克。

随着购买量激增，浪费也在不断增加。在世界范围内，衣服的使用次数比15年前减少了36%。英国一项调查以2000名女性为对象，结果发现衣服平均只穿7次就面临丢弃。

据预测，到2030年，时装产业将产生垃圾1.34亿吨，消耗水资源1180亿立方升，碳足迹将达到25亿吨，凡此种种与快时尚的兴起密不可分。

快时尚

自2000年以来，"快时尚"迅速兴起，版图也不断扩张。"快时尚"的定义是"零售商快速捕捉最新趋势后为大众消费者推出的平价服装"。一些引领快时尚潮流的品牌服饰价格低廉，但实际上代价颇高：质量低劣（衣服很快就会磨损），严重影响环境，并置车间工人的安全于水火之中。孟加拉国仅次于中国，是世界第二大服装生产国，服装工人平均月工资仅为64美元。

没有涤纶这一材料，快时尚就只是缥缈的空中楼阁。2016年，涤纶这一廉价塑料织物使用量超过2100万吨，自2000年以来增长157%。2015年，光生产涤纶就产生了2.82亿吨的二氧化碳。不仅如此，这种纤维不像天然纤维那样会分解，而是以垃圾的形式在地球上留存长达200年之久。

捐赠的衣服处境如何？

据估计，95%的衣物都可以再次使用——要么旧衣再穿，要么变废为宝，要么回收利用。但遗憾的是，大多数衣物最后都被扔进垃圾堆。只有约13%被捐赠，那么捐赠旧衣服后，它们的处境究竟如何呢？

高级时尚并不无辜

虽然平价的快时尚可能是时装垃圾日益增加的罪魁祸首，但高级时尚也并不无辜。2018年7月，奢侈时尚品牌巴宝莉承认将未售出的衣服、配饰和香水烧毁，宁愿如此，也不愿意低价出售给批发市场。巴宝莉是最早公开这一秘密的品牌，但在那之前，人们早就开始怀疑高端品牌会将木售出的库存销毁，以保护品牌的独家经销权和商业价值。

首先，捐赠的衣物中30%～40%最终会流入当地或区域性二手商店，其余则运送海外，销往国际市场。2014年，430万吨旧衣在国际上流通，主要销往发展中国家，这一数值正逐步下降。随着快时尚的出现，服装质量普遍下降，进口商不再愿意接收旧衣物。部分无法在国际上转售的衣物可以被"降级回收"成清洁布或绝缘材料，但由于进口衣物的国家通常没有处理纺织品的废物管理设施，因此很大一部分只能焚烧处理。如果未来服装质量继续下降，旧衣物的需求也将继续下滑。

回收方面，只有3%的服装得到再利用：2%降级回收成破布和绝缘材料，只有1%真正得到回收——将旧衣物的纤维分解成可用于制造新衣物的新纤维。专家估计，如果不以这种方式回收旧衣服，我们每年在材料上将损失超过1000亿美元。可回收的衣物如此之少，原因之一在于服装的复杂性。纽扣、拉链和其他非纺织部件回收前需要拆除。染色、涂料和印花也带来诸多挑战，但最大的障碍是混纺面料。例如，你最爱的毛衣可能

塞内加尔的工人们正在把从欧美国家运来的一捆捆二手衣物搬到巴士的车顶上。

由50%的棉和50%的涤纶制成。在回收这件毛衣之前，需要将面料进行分离。虽然这一过程技术上可行（例如，碱性条件下棉花不会溶解，而聚酯会），但目前仍处于试验阶段。对于制造商来说，用新材料制作服装比用回收材料制作服装更划算。

　　你可能会想：我到底该怎么做呢？以前捐的衣服都付诸东流了吗？专家称，我们应该继续保持捐献的习惯。即使是用过的袜子和内衣，只要没有撕裂或污迹，都可以捐赠给当地的慈善机构和收容所。对于那些春光不再的旧衣物，可以联系当地的回收中心，询问所在地区的纺织品回收要求。

　　我们都知道，像美国过去那样把不需要的衣物一捆捆运往国外已不再现实。专家认为，我们应当把眼下视为一个求新求变的好时机。与汽车、地毯、造纸和建筑等制造行业沟通协作，也许可以为废弃纺织品开拓新的终端市场。

从洗衣店到海运

　　毋庸置疑，大多数塑料污染来自废弃物。但你知道吗？有50万吨塑料正以一种意想不到的方式进入海洋。如你所知，超过60%的纺织品由塑料纤维制成。我们在洗衣物或其他亚麻制品时，细小的纤维会脱落。想象一下烘干机里的纤毛过滤器，洗衣机里也会出现同样的情况。研究发现，腈纶纤维脱落频率最高，单次洗衣会脱落超过70万根纤维。微纤维被认为是塑料微粒的一种形式。研究估计，海洋中35%的塑料微粒由微纤维构成。这些纤维会阻碍消化，并顺水推舟地把细菌运到水生动物体内，从而对水生动物产生负面影响。

　　如果你想减少衣物中脱落的纤维，又想让

前置式洗衣机可以有效减少塑料纤维脱落进入废水。

衣服保持干净，可以遵从以下建议。第一，使用前置式洗衣机。前置式洗衣机用水少，翻滚强度小，顶置式洗衣机释放的纤维是前置式洗衣机的8倍。大多数废水处理中心的过滤器孔径不够小，无法去除废水中的纤维，不过现在市面上可以买到这样的过滤器，你可以装在家里的洗衣机上。

鞋子

根据美国服装和鞋类协会的数据,美国人(包括儿童)平均一年购买7.5双鞋,一生中大约拥有600双鞋。材料方面,皮革、纺织品(通常为棉和聚酯)、橡胶(天然或由聚酯制成)和泡沫(主要由聚氨酯塑料制成)最受欢迎,显然塑料在制鞋行业中扮演着重要的角色。鞋子种类繁多,由许多材料和部件组成。人字拖结构最为简单,只有两个部分组成,而有些运动鞋则有60多个部分。与许多用塑料制成的物品一样,材料杂糅混合,增加了回收的难度,因此95%的鞋子只能填埋处理。

可持续时尚

可持续时尚会是快时尚的解毒剂吗?首先,许多人在纠结"可持续时尚"这个词,因为时尚大体上就是不断追随涌现的新趋势,而这本身几乎就是在鼓励消费者不断消费。撇开咬文嚼字的文字游戏,要打造可持续的衣橱,还是切实可行的。

循环时尚专家安娜·布里斯马(Anna Brismar)博士确定了可持续时尚的六大支柱,这六大支柱也理应结合并行:

- **绿色消费**。优先考虑那些能体现生产商环保意识的服装。采用这一方法时,需要考虑以下因素:使用什么资源?这些资源如何影响水质和生物栖息地?如何制造纺织品并染色?服装如何分配处理?碳排放量如何?

- **寻求高质量的经典设计**。时尚总在变化,但有些衣服永远是经典之作。经典款式有时效果出奇,如同为你量身定制,集靓丽与自信于一体。购买你真正喜欢、做工精良的衣服,这样的衣服也许能穿一辈子。看到一件衬衫,不确定你是否真的喜欢?放回原位,花一周时间考虑是否真的想要。通常我们购物前只需花些时间加以判断,就可以减少浪费。

- **购物原则:公平、人道、本地化**。快时尚之所以价格低廉,是因为在某些地方,有人正受到不道德的对待。每件10美元毛衣的背后,通常是不公平的薪资水平或高危的工作条件。在购买产品之前,不妨先调查一下该品牌是否人道。同时也要考虑购买途径,尽量不要网上购物,避免在包装和运输中额外排放二氧化碳。如果可能的话，可以尽量支持本地的小企业，推动本地经济发展。

- **清理维修、二次设计、升级回收。**不论什么产品，只要多加清理维修，就能延长它们的使用寿命。如果一件衣物不再吸引你，不妨考虑进行升级回收或自己二次设计，改造成适合自己的款式。
- **租用、借用、换用。**共享经济蓬勃发展，如今租衣渠道也越来越多。一些研究可持续发展的专家认为，衣物租借过程中的干洗送货给环境带来的正面影响与其产生的碳足迹相互抵消，而有人则认为这一改变可谓是朝前迈进一步。除租借之外，你还可以在更小的圈子内分享，比如和朋友交换衣物。
- **购买二手。**购买二手衣服不仅可以减少填埋场的垃圾，还能减少制造新衣服对环境的影响。很难放弃网上购物？如今有很多零售商都开设有线上旧货店。

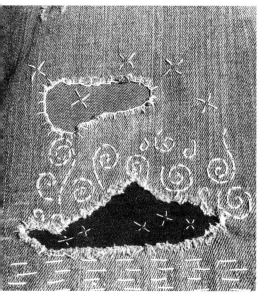

刺子绣是日本的一种刺绣技术，修补衣服的同时，可以依据自己的喜好创造出独一无二的物品，因此大受欢迎。

太阳镜

与其问一个人一生中会拥有几副太阳镜，不如问会失去几副。太阳镜是我们最常丢失的物品之一。事实上，自1971年至2020年，太阳镜在迪士尼主题乐园一直保持着失物数量最多的纪录，失物招领处估计共收到太阳镜约165万副，平均每天收到92副。

由于丢失太阳镜的频率比较多变，在此采用科学家的研究数据。巴西的一项研究表明，太阳镜的合理更换频率为每两年一次——时间过长，防紫外线能力会下降，这是研究人员将不同的太阳镜放在太阳模拟灯前进行测试的结果。尽管太阳镜由多种材料制成，包括金属和玻璃，但大多数眼镜的镜片和镜框都是塑料的。

太阳镜挂带

太阳镜挂带就是在太阳镜上加一条简单的挂带，虽然这一配件是否时尚还有待商榷，但它可以有效减少太阳镜丢失，避免购买替换。

自童年起，平均每人一生会使用40副太阳镜

如果一副太阳镜重30克，
那么40副太阳镜就相当于1.2千克塑料

为你长期使用的塑料计算足迹

塑料足迹不只是精确的数字和具体的指标，它有助于你了解自己的消费习惯，审视自己与所购买、使用的物品之间的关系。要计算我们的汽车或桌椅上用了多少塑料其实非常困难，纠结于数字反而背离了初衷。对你我来说，更重要的是去关注一生中使用过的无数汽车和桌椅，反思自己为什么要消耗那么多？该如何重新理解我们与物品之间的关系？

想要更好地理解塑料足迹这一概念，建议你对自己长期使用的塑料物品进行审计。

审计长期使用的塑料

塑料审计听起来可能相当简单，但有许多因素需要考虑。你可以从本章开始尝试，不过但凡你知道家里或工作场合中有多少物品完全或至少部分由塑料制成，你就会明白我们清单中所列的物品只是冰山一角。塑料在我们日常生活中所占比重过于庞大，而我们很难了解诸如电器、建筑材料、厨房用具和许多其他日常用品的塑料占比。与其对家里的每一件塑料物品进行分类（这可能是一项不可能完成的任务），不如将审计范围缩小到那些你经常更换、长期使用的物品。

此外，我们提供的数据仅仅基于平均值，而这些平均值很可能无法准确反映你的使用情况。因此，记录你拥有或曾经拥有某件物品的数量至关重要，你可以通过这一数值大致计算出更换该物品的频率。

比如假设你现在40岁，在过去22年里（从你18岁起）拥有4辆车，可以用22除以4，也就是平均每5.5年换一辆车。如果你计划再开40年，并且以同样的速度更换，你一生中就将拥有约11辆车。要算出这个数值，只需将你预期使用某一物品的总年限除以替换率（在前面所举的例子中总年限是从18岁～80岁，总共是62年）。以本章中提到的物品为分类标准，你的审计表大概就如下表所示：

物品	替换率	预计使用总年限	一生中使用的物品数量
汽车	每5.5年	62年	11.3
笔记本电脑	每6.5年	62年	9.5
智能手机	每2.5年	60年	24
沙发	每7年	55年	7.9
太阳镜	每2年	70年	35

你的需求和习惯可能会随着年龄的增长发生变化，这个审计表只是为了让你大致了解生活中会使用多少含塑料的物品。花些时间反思一下这些东西对你来说意味着什么。

- 这些物品在全球垃圾堆中会占多少空间？
- 你能接受自己每种物品一生中使用的数量吗？
- 你如何能减少使用物品的数量或减少它们对环境的影响？回想一下六个"用"（见第三章）。

审计的目的不是让你对自己使用过多少含塑料的物品感到内疚，而是帮助你了解大部分塑料消费的来源，并批判性地审视自己的消费习惯。从此刻开始，你可以选择改变自己的习惯，以余生为期限采取有效的措施来减少你的塑料足迹。

第五章

短期使用的一次性塑料

塑料超乎想象的耐用，强度高，可以多次使用。但制造的塑料中约有一半只使用一次就被丢弃，也就是所谓的"一次性塑料"。一次性塑料是塑料问题的核心。我们经常不加思考就扔掉一次性物品，感觉好像微不足道，但要知道我们每个人一辈子都在不断堆积一次性垃圾，这真的微不足道吗？

这一章将探讨那些可能构成塑料足迹的常见一次性物品，同时也将分析减塑行动可行之策有哪些优点。对于减少塑料垃圾，个体的努力固然重要，但同时我们要用批判的眼光来审视替代品。同一替代品可由不同材料组成，材料间各有利弊需要权衡。例如，你可以购买不锈钢、玻璃、竹子或其他材料制成的可重复使用的吸管，但这些产品也都有自己的环境足迹。因此，研究评估时需要兼顾正反两面。

换新法则

　　在产品换新前，不管你要用什么做替代，都请遵守以下四条法则：

- **可反复使用**。尽可能选择可反复使用的产品。将一次性塑料袋换成棕色纸袋似乎是一个不错的选择（纸袋容易回收，可生物降解），但棕色纸袋对环境也有其影响（如水资源消耗、森林砍伐、栖息地退化）。在此情况下，可重复使用的布袋可以缝缝补补使用多年，是更好的选择。
- **自带容器**。如果你的社区有散装食品店，尽量选择那些允许自带容器的店铺。
- **买大号产品**。有时候产品容量越大浪费越少。如果你碰到喜欢的东西，但是是用塑料包装的，可以通过购买"家庭装"来减少浪费。根据表面积体积比的规律，如果四个小号容器与一个大号容器体积相同，其表面积会比大号容器大（即需

有些散装食品商店允许客人自带容器或可重复使用的袋子。

要更多塑料包装）。然而，买大号产品的前提是买喜欢的产品，确定买来会用完而不会浪费。否则反而会导致你买来更多不需要或不想要的东西，造成更多的浪费。

● **用完再买**。更换环保的产品前，确保你之前买的不会被浪费。例如，在购入零污染洗发皂之前，先用完剩下的洗发水。

吸管

吸管成为一次性塑料垃圾的代名词，源于2015年疯传的一段视频，视频中一只海龟的鼻子里插了一根塑料吸管。该视频记录了一名海洋生物学家取出吸管的残忍过程，观看次数超过4000万次，并引发众怒。该视频上传后，塑料垃圾成为环境问题的风暴中心。

从乌龟鼻子里拔出吸管的视频席卷网络，使地球的塑料问题进入人们的视野。

重量不到半克的吸管只占海洋垃圾总量的0.0025%，但在过去30年的国际海岸清理工作中，志愿者已从海滩上捡起900多万根吸管。据估计美国每天有5亿根吸管被用于餐馆、酒店或家用。吸管已成为我们日常生活的一部分，平均每人每天大约使用1.6根吸管。

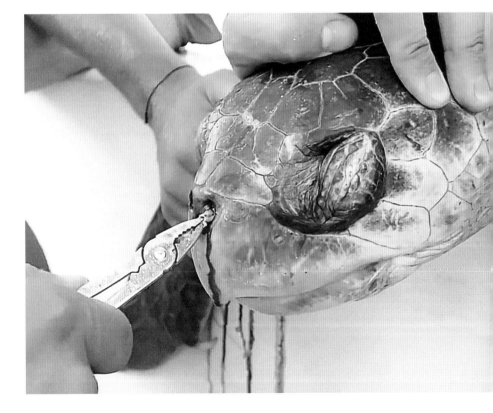

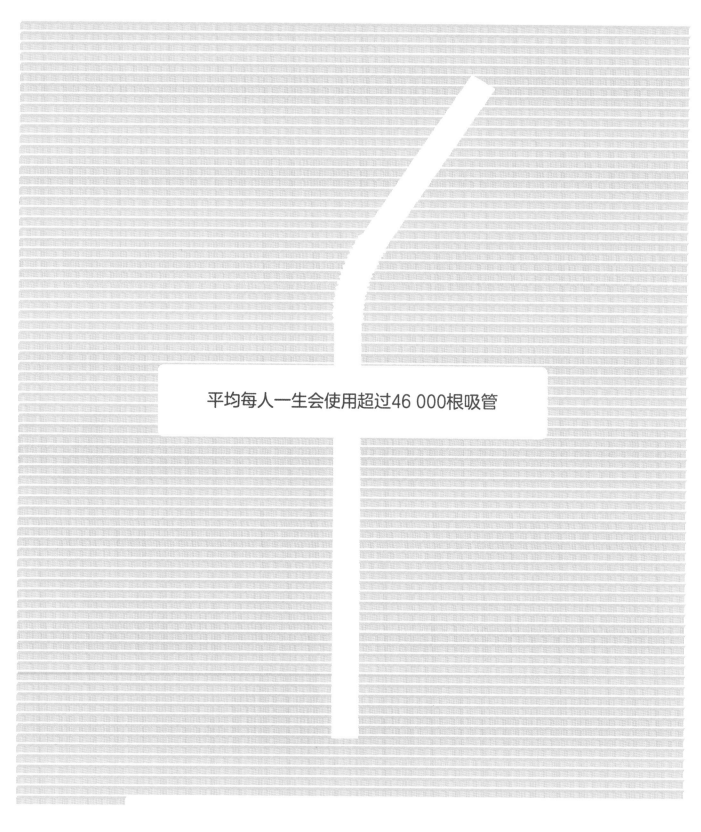

平均每人一生会使用超过46 000根吸管

相当于22千克塑料垃圾

#停止使用吸管

一些国家和城市中，塑料吸管禁令势头强劲。星巴克和迪士尼主题公园等公司已承诺逐步淘汰门店中的吸管。尼尔·德格拉斯·泰森（Neil deGrasse Tyson）、汤姆·布雷迪（Tom Brady）和索纳姆·卡普尔（Sonam Kapoor）等名人在社交媒体上宣传"停止使用吸管"这个话题，引发了很多人对这一禁令进行讨论。

可重复使用的吸管

可重复使用的吸管可以减少塑料垃圾进入环境，似乎是一次性塑料吸管的黄金替代品，但市面上有多种不同类型的吸管，也涉及许多其他的环境因素，如能源消耗和碳排放等。可重复使用的吸管是如何堆积起来的？

洪堡州立大学的一项研究将不锈钢吸管、玻璃吸管和竹制吸管进行比较，测量了需要使用多少次才能抵消其产生的能源消耗和二氧化碳排放。

	塑料吸管	不锈钢吸管	玻璃吸管	竹制吸管
能源消耗（千焦/根）	23.7	2420	1074	756
二氧化碳排放（克/根）	1.46	217	65.2	38.8
抵消能源消耗所需使用次数	一次性	102	45	32
抵消二氧化碳排放所需使用次数	一次性	149	45	27

从表格分析来看，不锈钢吸管似乎应该排除于可用行列，但其优点在于不像玻璃吸管或竹制吸管那么易碎，所以可以使用得更久。总之，无论你选择哪类吸管，都要尽量延长使用时间，因为制造时消耗了大量的资源和能源。

钢笔问题

塑料笔和吸管一样，也给海洋生物带来了类似的风险。虽然没有多少有用的信息能说明一次性塑料笔问题有多严重，但据说美国人每年大约会丢弃16亿支笔。

一位父亲正用塑料吸管帮儿子喝杯子里的水。对许多人来说，塑料吸管是最好的选择，因为它非常灵活。

也许最好的选择是完全戒掉吸管。请不要忘记，如果你喝饮料时不需要或不想要吸管，完全可以拒绝使用。

许多人离不开吸管

随着吸管禁令在世界各地出现，研究残疾现象的学者及相关倡导者提醒我们，塑料吸管对许多人来说是必要的。塑料吸管的弯曲部分是为了方便病人饮水而设计的，这一设计普遍推广，帮助了许多行动有障碍的人。一些人不能把杯子举到嘴边，需要使用吸管来喝水。而可重复使用的吸管对很多人来说并不能作为替代品。使用纸吸管或意面吸管有窒息的风险，金属吸管和竹子或者玻璃吸管则可能造成更严重的伤害，且无法实现弯曲。衡量塑料垃圾的管理政策时，重要的是要考虑这些政策会如何影响每个群体，而不能仅仅考虑大多数人的利益。

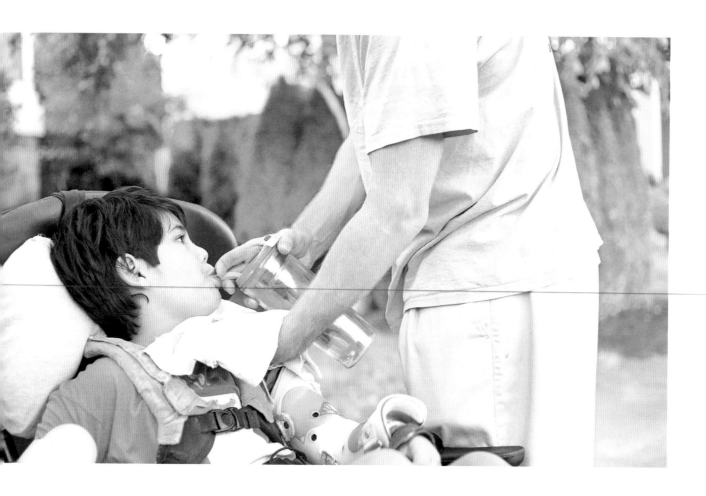

塑料袋

20世纪50年代，人们发明了塑料袋。到了80年代，塑料袋逐渐取代纸袋。科学家估计，全球每年使用1万～5万亿只塑料袋。如果采用较高的估计值，相当于每分钟消耗1000万只塑料袋，而5万亿只塑料袋的表面积可以覆盖整个法国两次。不同的国家使用塑料袋的速度不同。在丹麦，消费者平均每人每年只使用4只塑料袋，而美国消费者大约每天就要消耗一只。下图为更多国家的数据：

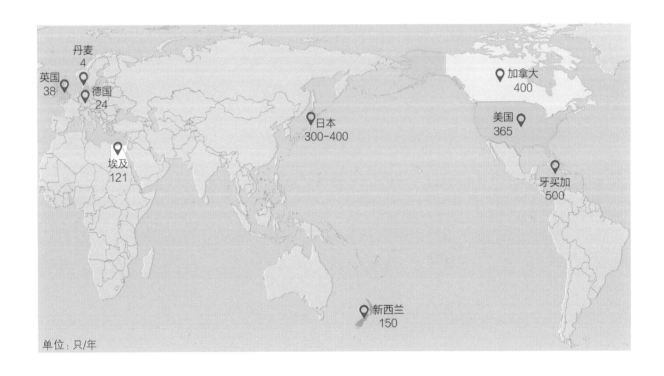

丹麦 4
英国 38
德国 24
日本 300-400
加拿大 400
美国 365
埃及 121
牙买加 500
新西兰 150

单位：只/年

塑料袋大小和形状各异，平均下来一只袋子重5克。塑料袋大多由聚乙烯制成，重量轻、耐用、结实，非常适合用来携带物品。正因如此，它们也对环境造成了难以想象的破坏。较轻的重量和类似气球的设计使它们很容易被吹散到陆地和海上。塑料袋的耐用性意味着它们将在地球上存在很长一段时间——科学家估计时长为1000年。此外，塑料袋无法降解，却会分解成无数的塑料微粒。

一些国家和城市已经实施了塑料袋禁令，或对塑料袋进行收费。该策略的可行性已在第三章进行过讨论。

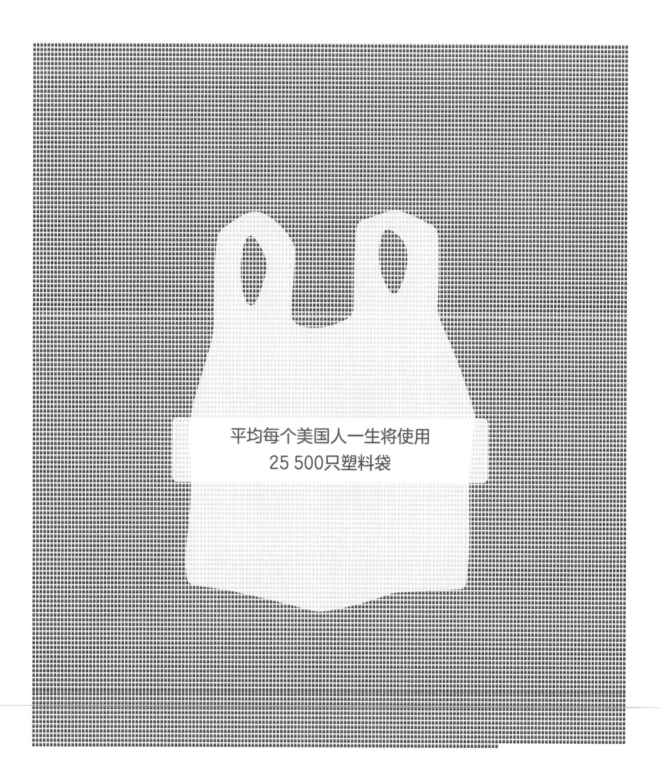

平均每个美国人一生将使用
25 500只塑料袋

相当于128千克塑料垃圾

可重复使用的袋子

可重复使用的手提包袋似乎是一次性塑料袋的完美替代品。然而，丹麦环境保护署撰写的一份评估报告对此提出质疑。报告指出，与一次性塑料手提袋相比，棉制手提袋在气候变化、水资源消耗和空气污染方面危害更大。研究显示，一个棉布袋需要重复使用1000次才能达到一次性塑料袋的可持续水平。而这还没有考虑塑料袋被丢弃后对自然环境的影响。如前几章所述，塑料垃圾影响巨大，估计每年有10万只海洋哺乳动物死于塑料垃圾。因此可重复使用的手提包袋也并非全然理想。

那我们该如何抉择呢？调查显示，我们一生中会使用25 500个一次性塑料袋，就其生产过程对环境的影响而言，等同于25个以上的棉制手提袋。这一数字远远超出了必需的范围，我们可能根本不需要那么多手提袋。所以，只要你能做到不把每一个心动的手提包袋都买下来，并确保买来的坚持使用，你就完全可以放心地使用可重复使用的手提袋。此外，减少手提袋浪费的另一个小窍门可参考第三章提出的六个"用"，或者遵循本章开头的替换法则。何不尝试购买二手？有没有朋友有闲置？能不能把不穿的旧衬衫改造成手提袋？请多多开动你的小脑筋！

有时你可能会忘记带包，不得不使用塑料袋。若果真如此，也请一定将其重复使用。下次去逛超市可以带着，也可以用来装垃圾，或者用来打包午餐。这样就可以赋予一次性的袋子多种用途。

灾难、疾病和死亡

塑料袋重量轻，体积小，但也会产生大问题。发生自然灾害时，它们会堵塞河道，无异于火上浇油。1998年在孟加拉国，塑料袋堵塞下水道，导致洪灾恶化。2/3的孟加拉国国土被水覆盖，2379人死亡。这一灾难性的事件因塑料垃圾而雪上加霜，于是孟加拉国自2002年开始禁止使用聚乙烯袋。

在世界上一些垃圾管理设施有限的地区，塑料袋垃圾还会加剧疾病传播。潮湿的塑料袋成为滋生蚊子的温床，可能会助长疟疾等疾病发展的势头。

1998年，孟加拉国首都达卡的居民在洪水中跋涉。

塑料饮料瓶

全世界每分钟会售出将近100万个塑料饮料瓶。2016年，全球塑料瓶装饮料购买量超过4800亿。虽然大多数瓶子都使用可回收塑料（聚对苯二甲酸乙二醇酯，简称PET），但只有不到一半的塑料被真正回收利用，大多数最终进入垃圾填埋场或海洋。2015年，美国人购买了110亿瓶塑料瓶饮料，平均每人购买346瓶。可口可乐公司的产品有很多不同的形状和容量，一瓶500毫升可口可乐饮料由24克PET制成。

如果一个人一年喝346瓶塑料瓶装饮料，那么一生要消耗27 680个塑料瓶。

相当于近664千克的塑料垃圾

瓶装水

瓶装水是2017年美国最畅销的饮品，消费超过518亿升。市场研究专家预测，瓶装水市场将继续向好，到2024年，有望从2017年的1990亿美元增长至3070亿美元。对包括大多数美国人在内的许多人来说，水是超级低廉的。那么瓶装水到底是如何成为一个数十亿美元的产业？

对此，专家们给出了几点原因。瓶装水与其他消费品一样，也可以成为一种时尚。比如特妮弗·安妮斯顿（Jennifer Aniston）、伊德瑞斯·艾尔巴（Idris Elba）和马克·沃尔伯格（Mark Wahlbery）等名人为瓶装水代言的广告。而另一原因则在于公共饮用水越来越落没：损坏或脏乱的饮水机随处可见，人们不再愿意使用，反而认为瓶装水比自来水更安全。但在世界大部分地区，自来水的安全程度并不比瓶装水差。事实上，自来水的管控往往更为严格。在加拿大多伦多市，自来水每6小时检测一次，以确保水中没有有害细菌。相反，几乎没有政府机构会如此细致地检测瓶装水。

可重复使用的水瓶

对于可重复使用的水瓶，市面上有诸多选择，但大体上可以分为三类：不锈钢、玻璃和塑料。每一种都各有其优缺点。

不锈钢
- ✓坚固耐用
- ✓100%可回收（具体以市内回收指南为准）
- ✗能源密集型产业
- ✗金属味

玻璃
- ✓高度可回收（除非是用防碎玻璃制造的）
- ✓不影响水的味道
- ✗易碎
- ✗价格最贵

塑料
- ✓坚固
- ✓耗能最少
- ✗暴露在阳光或高温下时，会产生化学物质
- ✗无法降解

许多人离不开塑料瓶

尽管世界上有数十亿人一打开水龙头就能获取价格低廉、干净的水，但仍有7.8亿人至今无法获得"安全的水源"。根据世界卫生组织的定义，安全的水源不只是自来水，还包括公共水喉的水、受保护的井水、泉水和收集的雨水。然而，这些措施无法保证安全饮用水的供应，因此缺少清洁饮用水的人数可能远远超过7.8亿。

虽然从长远看，瓶装水无法彻底解决水资源短缺问题，但还是为世界各地数百万人提供了权宜之计。

咖啡和茶

世界上有数十亿人以一杯咖啡或茶作为一天的开始。几个世纪以来，咖啡和茶一直是人们喜欢的饮品，部分地区只偏爱其中之一。这两种美味本身都不需要塑料来制作，但为了方便，塑料垃圾还是与它们纠缠在一起。

咖啡

美国人平均每天喝两杯咖啡，相当于一年730杯。喝咖啡的方式有很多种，其中两种会造成大量的浪费：咖啡胶囊和外卖咖啡杯。

咖啡胶囊

咖啡胶囊使用方便，但会产生大量垃圾，最终大都被填埋或焚烧。

许多品牌都推出了咖啡胶囊，你最熟悉的可能是克里格咖啡机中一次性的K杯。克里格咖啡机已经诞生了20多年，最初用于办公场合。在制造第一个K杯的时候，发明者约翰·西兰（John Sylan）本以为它能替代外卖咖啡杯，所以不会对环境造成太大影响。没承想K杯在家庭中大受欢迎，也对环境造成不小的压力。如今，他对自己的这一发明感到万分后悔，他本人也拒绝使用咖啡胶囊。

目前，40%的美国家庭都拥有胶囊式咖啡机。据估计，每分钟有39 000个咖啡胶囊被制造出来，有29 000个被扔进垃圾填埋场。一年内丢弃的胶囊连起来可以绕地球12圈。虽然越来越多的公司开始用可回收材料制造咖啡胶囊，但大多数胶囊仍然不可回收，或是需要你把它们送到分销商那儿，然后通过特殊的设施进行回收。

单个咖啡胶囊的包装重约4克。如果你每天喝两杯胶囊咖啡，一年下来就会产生约3千克的塑料垃圾。

《纽约时报》报道，K杯咖啡454克的价格约为50美元。如果你每天只喝一杯咖啡，一年就会喝掉3.6千克的咖啡。虽然你的克里格咖啡机只需要30秒就可煮出一杯咖啡，但它真的值每年400美元的价格吗？

如果一个人一天喝两杯胶囊咖啡，
那一生要消耗48 400个咖啡胶囊。

大约相当于233.6千克塑料垃圾

咖啡杯

我们喝咖啡时并非刚好都在家里或办公室里，很多时候需要边走边喝。也许你去咖啡店时会自带可重复利用的杯子，但坦白来说目前只有不到5%的人能做到这样。你可能会觉得使用一次性咖啡杯和塑料水瓶相比起来负罪感更小，毕竟一次性咖啡杯是用纸做的。但其实几乎每个纸杯里都有一层塑料衬垫，用来防水保温。从技术上讲，这些杯子可以回收利用。现有的设备能将塑料衬垫和纸杯分开，但这种设备非常罕见，而且价格昂贵。一般的回收设施无法实现，因此只有不到1%的杯子真正得到回收，其余的则被填埋或散落到环境中。

每个人都有自己的咖啡饮用习惯，本节中我们以英国人使用的咖啡杯数量为参考。2011年，英国人共丢弃25亿个咖啡杯，研究人员估计这个数字还在不断增加。2011年英国人口为6318万，分摊下来，每人每年会喝39.5杯。

塑料纸杯内衬大约重0.1克，塑料盖子平均重3克。

2011年，平均每个英国人一生会消耗3160杯外带咖啡杯。

大约相当于9.8千克塑料垃圾

用来制作杯子的纸也会造成污染。研究发现，包括生产和运输在内，每个杯子会排放0.11千克二氧化碳。生产纸杯还需要砍伐树木，造成生态系统退化、森林吸收碳的能力降低。

法式压滤壶或可重复使用的杯子

如果你是在家里煮咖啡，用咖啡胶囊可能比较方便，但这个做法既昂贵，又违背了可持续原则。那么，最环保的热饮选择到底是什么？专家推荐使用法式压滤壶（特别是用电水壶烧开的水），消耗能源最少，浪费也最小。

如果你平时比较繁忙（或者你只是单纯不想自己动手），买咖啡时记得自带可重复使用的马克杯。其优缺点与可重复使用的水瓶非常相似，但任何马克杯都有一个不可否认的优点，那就是为买卖双方省钱。对消费者来说，自带杯子通常会有折扣，商家在一次性杯子上的花费更少。以下是EPA进行的成本分析：

假设：

● 0.15美元——一次性包装（杯、盖、套）的成本

● 0.10美元——自带咖啡杯的折扣

● 8小时——每天的工作时间

每小时内自带杯子的顾客数	每天节省成本	每年节省成本	每年温室气体减少量（二氧化碳）
3	6 美元	2190 美元	963.6 千克
10	20 美元	7300 美元	3212 千克

* 前提是每个咖啡杯容量为 473.2 毫升并带有隔热套。

俭以防匮

说到咖啡，想喝多少煮多少是最好的选择。煮一整壶滴滤咖啡但只喝一杯，比喝用K杯胶囊煮的咖啡浪费更多，因为在咖啡的生产过程中，大部分资源和能源都用于咖啡豆种植。事实上，种植、加工和运输一杯咖啡豆需要消耗140升水——把满满一壶咖啡倒进下水道前，请想想自己这么做造成了多少浪费。

茶

茶是世界上非常受欢迎的饮料。联合国粮食及农业组织估计全世界人民每天喝60亿杯茶。众所周知，英国人爱茶，平均每人每天喝2.5杯。

几个世纪以来，茶饮普遍用散装茶叶调制而成，许多人至今仍爱如此。然而，自20世纪初茶包问世以来，整个茶饮市场就被茶包所主宰。

茶包

历史上茶包由纸制品、丝绸或棉花制成。如今，许多茶包仍由纸制成，不同之处在于现在使用塑料胶水密封，有些茶包则完全由塑料制成。大多数空茶包重量不到0.5克。假设你在15岁时开始喝茶，每天喝2.5杯，那么到你80岁时会消耗59 312.5杯茶。如果这些茶包由塑料制成，就会产生约30千克无法生物降解的垃圾。

塑料茶包是茶饮中塑料微粒的潜在来源。

相比起我们扔掉了多少塑料，更令人担忧的是我们摄入了多

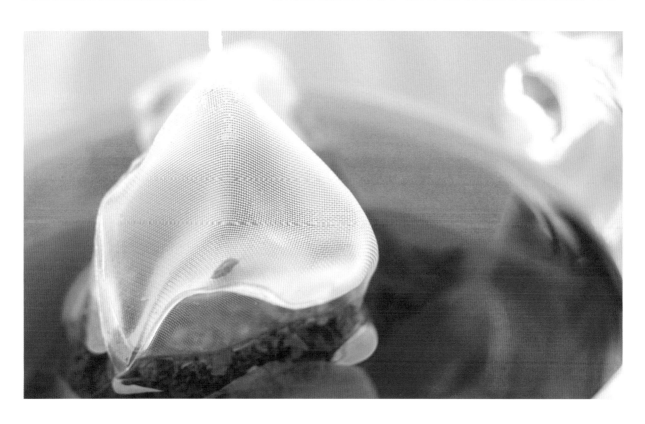

少塑料。2019年的一项研究显示，水温95摄氏度下浸泡单个塑料茶包会释放约116亿个塑料微粒和31亿个纳米塑料。即使茶包的原料采用食品级塑料，在热水中浸泡5分钟后也会开始变质。

摄入数十亿塑料微粒听起来似乎很严重，但是否真的那么恐怖？同一研究中，科学家们将水蚤（通常用于毒性实验）放置于茶包释放的塑料微粒和纳米塑料中，发现塑料并不致命，但会影响水蚤的游泳能力，并导致甲壳膨胀。其他研究已证明塑料微粒对藻类、浮游动物、鱼类和老鼠有一定影响。研究人员观察到，塑料微粒一旦进入消化道，就可能被细胞吸收——这意味着塑料不仅会入侵我们的消化系统，还可能成为细胞的一部分。然而，这一切还只是推测，并未在人类身上得到证实。世界卫生组织表示，目前没有证据表明塑料微粒对人们的健康有影响。但说到减少浪费，茶包有一个完美的替代品，那就是不含塑料的散装茶叶。

严格来说，塑料微粒指直径在 100 纳米到 5 毫米之间的塑料颗粒，而纳米塑料直径小于 100 纳米。诚然有些塑料生产时特意采用微米或纳米级大小，但大部分塑料微粒与纳米塑料都是大块塑料破裂的结果。塑料微粒和纳米塑料给我们带来了诸多挑战：难以量化清理，研究人员也难以评估它们对动物和人的影响。

用可重复使用的过滤器过滤散装茶叶，产生的浪费最少。散装茶叶也可批量购买。

食品和饮料中的塑料微粒

茶并不是塑料的唯一藏身之处。如今在食盐中也能检测到塑料微粒，采样的食盐中每千克所含微粒多达681个。研究发现，采样的鱼类中有1/3摄入了塑料，平均每克贻贝含有0.4个塑料微粒。塑料纤维存在于自来水中，也存在于世界各地售卖的240多种瓶装水中。最近的一项研究发现，平均每人每周摄入的塑料相当于一张信用卡大小，具体数量根据年龄和性别有所差异。

产品包装

就工业领域而言，大多数塑料用于包装。每年生产的包装塑料多达1.46亿吨——占所有塑料的35.9%——其中大部分仅使用一次后就被丢弃。产品包装品类繁多，以下所列几类特别棘手。

蛤壳式包装等泡罩包装

蛤壳式包装发明于1978年，是一种泡罩包装，由一块带有铰链设计的塑料制成（外形看起来神似蛤蜊壳）。蛤壳式包装可以直观地展示产品的正反两面，因此广受零售商喜爱。其缺点在于拆开包装的过程令人抓狂，人们甚至创造了"开箱怒"一词来形容拆包装时的愤怒情绪。每年都有成千上万的人在打开蛤壳式包装时不慎受伤，只好送医治疗。热密封包装尤其难拆，因为许多热密封包装设计的本意就是防止有心之人将其中的产品偷梁换柱。

蛤壳式包装不仅打开时令人懊恼，回收时亦是如此。蛤壳式包装虽然通常用PET制成，但总是粘着过于牢固、无法揭开的贴纸，因此不具备回收的资格。有时蛤壳式包装也可能由不易回收的聚氯乙烯制成。

泡罩包装属于"难以回收"的塑料。想象一板有纸板衬底的电池或一板有铝箔衬底的药片，把塑料从中分离出来不算容易，再加上全球回收市场并不稳定（见第三章），因此大多数泡罩包装都被运往垃圾填埋场。2017年以来，加拿大阿尔伯塔省卡尔加里市一直储存着2000吨蛤壳式塑料包装，希望有朝一日国际回收市场能够稳定下来；不幸的是，高昂的储存成本几乎将其压垮，自2017年以来已累计花费250 800美元，无奈之下只好送至垃圾填埋场。

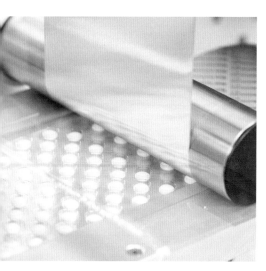

机器正将铝箔衬底黏贴在泡罩包装上。金属箔和塑料熔合在一起后很难回收。

网上购物的包装盒里通常装满了额外的缓冲包装，以保护商品。

网上购物

网上购物从诞生到现在已发展成为全球规模达数万亿美元的产业。2017年，全美共运送包裹1650亿件。2015年的一项调查显示，80%的美国人有过网上购物的经历，15%每周都会网上购物。与传统零售店相比，网上购物消耗了更多的包装，原因何在？

传统零售的流程相当简单：货物批量运到仓库后再运送到商店。但在网上购物时中转站的平均数量是传统零售的4倍，且货物以买家为单位独立包装运送。网上运输还需要很多额外的缓冲包装，确保包裹安全送达。研究显示，一个快递盒在送到买家家门口前，平均会被搬运17次。为了给缓冲空气袋提供空间，装商品用的盒子通常远远大于商品本身。

实体店代替网上购物

在网上订购商品固然非常方便，可以足不出户（甚至穿着睡衣）动动手指完成购物。但麻省理工学院（MIT）的一项研究显示，网上购物产生的包装是实体店的5倍（如果是急件的话，则是5.5倍）。因此在实体店购物可以减少大量的浪费。然而，在实体店人们倾向于购买更多的东西。报告发现，71%的购

与"节日祝福"一同到来的是挥霍购物。在美国，11月中旬到跨年前夕这段时间，垃圾数量会比平时增加25%。

物者在实体店消费超过50美元，只有54%的网上购物者会超出这一金额。实体店有自己的一套营销策略，鼓励消费者冲动消费，而更多的冲动购物就意味着更多的浪费。为了减少冲动购物，你可以在购物前列一个购物清单，并严格执行。或者不妨先在网上"只逛不买"，然后再到实体店消费，这样也可以减少浪费。

如果不得不网上购物，尽量避免退货。网上购物时往往会超量订购，退货率高达25%～30%（相比之下，实体店只有6%～10%）。不同品牌的服装尺寸标准往往不同，网上购物时无法亲自试穿，可能会买同一款服装的几件不同尺码，再把不合身的退回去。然而，一些品牌和零售商倾向于将退货商品直接焚烧或扔进垃圾填埋场，因为这样更划算。退回的商品必须经过检查，符合标准的才能重新包装，而包装本身又是一笔费用。法国已有法律对这类零售商进行限制，但放眼世界各地，将退货商品直接焚烧或扔进垃圾填埋场的行为仍然司空见惯。因此下次在网上买牛仔裤时，尽量量准尺码再下单。

食品包装

回想一下你上次在杂货店买的东西或是上次的外卖订单，其中可能包含了很多塑料。包装产业中大约70%用于食品和饮料方面。总的来说，包装是塑料的首要用途——生产的塑料中有超过35%用于包装，因此我们可以推断超过25%的塑料用于食品和饮料。

一次性小样

各种各样的产品都有一次性小样，从洗发水、洗涤剂，到零食、调味品和茶。一次性小样方便卫生，但对地球来说却是一个大问题。

从饮料粉包、番茄酱到糖果，随处都能找到类似的一次性小样。其包装虽然通常用塑料制成，但很少得到回收，主要有三个原因：

（1）小样由多种材料制成，包括不同类型的塑料，甚至还有铝和纸等材料。将不同材料分开确实可行，但代价太大，不值得考虑。

（2）小样通常由很轻薄的材料制成，容易卡在回收设备中，耽误回收进度，而且回收设备维修起来昂贵。

（3）小样用廉价塑料制成，这种塑料即便回收之后也很少有人愿意购买。

研究人员发现，60%的小样由雀巢、联合利华和宝洁等10家公司生产。一些环保人士和活动人士一致认为，这些公司放任这类产品流入市场，理应对其产生的垃圾负责，尤其是在世界上垃圾回收管理水平薄弱的地区。

菲律宾的小样

一次性小样在世界各地都有，亚洲国家尤其流行。菲律宾则更是如此，每天消费超过1.63亿个颜色鲜艳的塑料小样包装。

菲律宾塑料包装的数量庞大，已成一大难题——几乎每年流通600亿袋塑料包装，产生的垃圾足以覆盖13万个足球场，而许多地区没有垃圾管理体系。马尼拉的许多社区没有负责收垃圾的垃圾车，只能个人自行处理，扔在街道上或河流里。不过即便有垃圾回收体系，小样基本上也不可回收利用。

在菲律宾和其他亚洲国家，一次性小样已成为严重的环境问题。

正装代替小样

一些跨国公司可能会声称，小样的存在让低收入消费者可以使用原本负担不起的高质量商品。但真的如此吗？事实上，频繁购买小样要比购买正装贵得多（虽然浪费更少）。那些跨国公司传递这种错误的观念，与其说是为了提高消费者的生活品质，不如说是为了牟取利润。

保鲜膜

20世纪30年代，人们误打误撞首次发明保鲜膜——当时它只是一种粘在烧杯里的残留物。如今美国人每年使用的保鲜膜足以把整个得克萨斯州都包裹在内。只需6个月，美国人就以不同的方式消耗8000万卷保鲜膜。

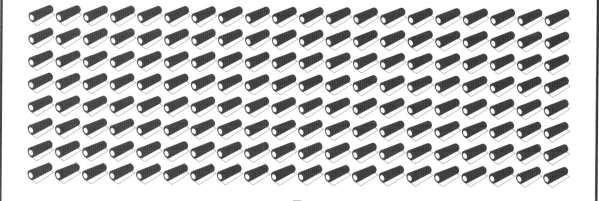

如果你每六个月用掉一卷150米长的保鲜膜，
那么你一生总共要用掉大约160卷

=

相当于24千米长的塑料，可绕标准赛道60圈

据估计，有500万美国人每人每年要消耗10卷150米长的保鲜膜，如果你也如此，那么你一生要用800卷保鲜膜。

相关人员不鼓励回收保鲜膜，因为保鲜膜太薄，会阻塞回收装置。塑料保鲜膜主要由聚氯乙烯制成，丢弃在垃圾填埋场或焚烧后会释放有害的二噁英。

替代品：可重复使用的包装及容器

选择可重复使用的包装。不妨尝试玻璃容器或可重复使用的蜂蜡包装，可以反复清洗再次使用。

净菜

净菜已成为在家做饭的新风尚。每道菜的食材都事先称好，单独包装，意味着需要消耗大量塑料。一位顾客对"蓝围裙[1]"净菜（包含三顿饭）里的塑料进行称重，重量为108克。尼尔森报告显示，2018年后半年，有1430万个家庭购买了净菜。如果用蓝围裙净菜为标准，相当于仅仅在一周之内，就会产生1 544 400千克塑料垃圾，甚至还不包括净菜所需的冷冻袋。

从表面上看，净菜塑料包装数量庞大，似乎并不符合可持续发展的标准，是否真的比杂货店购物"更环保"呢？密歇根大学可持续系统学中心的研究人员调查了5种不同的配方，其中包括一份意大利面、一份三文鱼和一份芝士汉堡。研究人员每道菜都做了两次，一次从杂货店购买食材，一次使用净菜，并对每一步产生的温室气体进行评估。从种植食物、运输配料、包装到厨余垃圾，发现平均而言，杂货店

净菜的原材料通常用塑料单独包装。

食材的排放量比净菜多33%。因为净菜中预先将食物进行合理分配，实际浪费比杂货店更少。

这项研究提醒我们，选择替代品前要仔细评估。有时浪费显而易见（如净菜），但更多时候浪费存在于我们无法察觉的细枝末节当中，而正是这些细节带来巨大的改变。

---

[1] 蓝围裙（Blue Apron），是一家净菜电商平台，提供生鲜食材送货上门服务。——译者注

外卖

外卖指购买后即可立即消费的食物或饮料，叫外卖已经逐渐成为我们现代生活的一部分。预计到2025年，在线订餐平台和应用进一步流行，全球在线送餐市场的价值将达到2000亿美元。

54%的加拿大人每周至少外出就餐一次，下馆子或是叫外卖。假设你每周叫一次外卖，且每周的外卖都装在一个670毫升的聚丙烯容器里，包括盖子在内平均重28克，一年下来你将使用1.4千克塑料。

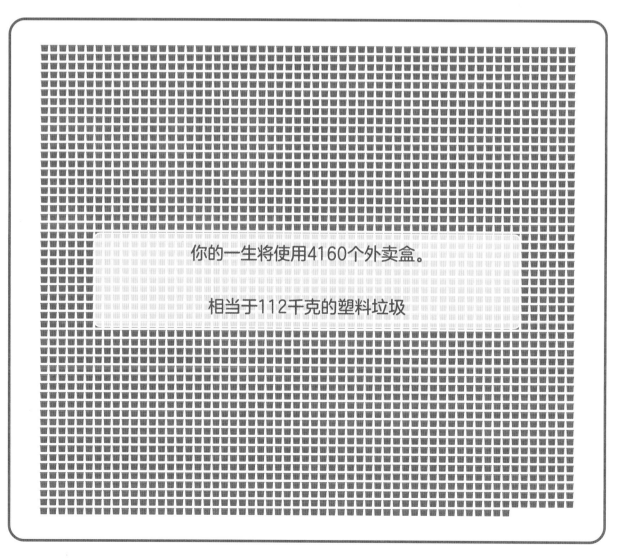

你的一生将使用4160个外卖盒。

相当于112千克的塑料垃圾

这一数据还没有把塑料餐具、吸管和单独装酱料的小袋计算在内。而且为防止泄漏塑料袋通常都会用两层。

2018年，一项研究调查了挤压聚丙烯容器、挤压聚苯乙烯容器和铝制容器对环境的影响。研究人员不只调查了一个方面（比如可回收性），而是评估每个容器从生产到淘汰过程中的12个指标，包括气候变化、自然资源枯竭、海洋生态毒性等。结果发现，在12个变量中，包括气候变化在内的7个指标显示聚丙烯容器对环境造成的负面影响最大。综合来看，聚苯乙烯的影响最小，生产时无论是在材料方面还是电力需求方面，消耗能源都更少。然而，大多数城市不能回收聚苯乙烯容器，因此聚苯乙烯容器也不是一个可持续的选择。

堂食或者自备餐具

下次不想自己做饭时，不妨考虑在餐馆吃饭。如果有时间，"堂食"点餐可以减少浪费。当然，有时情况特殊，迫不得已外带时也请注意以下几点：

- **自带餐具**。用自备的餐具可以避免使用塑料刀叉。不需要花哨的竹制餐具套装，一套普通家用款就足够。
- **自带手帕**。将餐具包在自己的手帕里，也不失为一个好方法。这样你就免去使用餐巾纸或湿纸巾（通常会有塑料包装）。回到家把手帕扔进洗衣机即可。
- **自带容器**。虽然并不是所有的餐馆都支持这种做法，但问问也无伤大雅。逛杂货店也可做此尝试。如果想买鸡肉，可以要求肉贩把肉直接放进你自带的容器里，就不必再用塑料和蜡纸进行包装。
- **无需餐具**。通常外卖和快餐都是成套的形式，消费者不需要过多选择；不管是否真的需要，塑料餐具、调味品、餐巾纸都会随餐奉上。然而你完全可以要求免去这些物品。一些在线外卖平台在付款界面会提供"无需餐具"的选项。一家美国外卖公司（Seamless）提供这一选项后，一年内节省了超过100万张餐巾纸和餐具！

养成习惯，随身携带可重复使用的物品，
如咖啡杯、容器和餐具，这样点外卖时
就个冉需要一次性餐具，何乐而不为。

卫生巾和卫生棉条从包装到产品本身都使用了大量塑料。

月经用品

从青春期到更年期，世界上有一半人口都会经历月经。这个以月为单位的生理现象也带来了很多塑料垃圾。

一项研究调查了250名女性，发现19%的女性在月经期间只使用卫生巾，29%只使用卫生棉条，52%两者都用。保守估计，平均每个女性月经期会使用5条护垫和20条卫生棉条，假设一名女性的月经期为5天，每6个小时更换一次卫生棉条，平均每年使用240条卫生棉条和60块卫生巾。

卫生棉条和卫生巾分别重4克和5克，主要成分为塑料。卫生棉条由几种材料组成，由塑料包裹，导管是塑料的，拉绳也是塑料的，卫生棉条本身通常由合成纤维和天然纤维混合而成。此外，护垫也用层层塑料包裹，并使用塑料黏合剂以求固定，其中还含有防漏塑料屏障和吸收性石油基聚合物。月经用品使用后一般成为医疗废物，因此很少回收，大部分会进入垃圾填埋场。

仅2018年，美国人就购买了58亿条卫生棉条，产生2320万千克的垃圾。

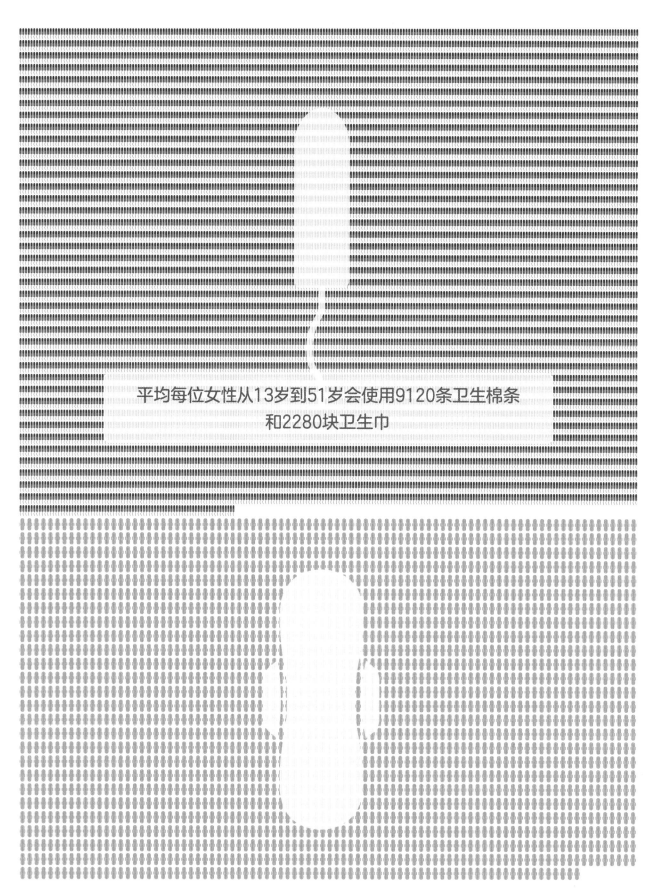

平均每位女性从13岁到51岁会使用9120条卫生棉条和2280块卫生巾

相当于近48千克的塑料垃圾

月经用品的替代品

如果你刚好想尝试些新的月经用品，那你很幸运，过去几年里，市面上出现了几十种月经产品。一些可持续的产品已经存在几十年，无导管或使用纸导管的卫生棉条可以减少大量的塑料垃圾。在可重复使用方面，无吸收性的月经杯成为主流之选。月经杯通常也是塑料做的，但同一个杯子可以使用多年，每次可使用12个小时，不仅可以减少浪费，还可以省钱防漏。此外还有可重复使用的棉布护垫，清洗后可反复使用。最近有个发明叫"经期内裤"，由多种特殊面料制成，可以吸走体内的经血，保留在内裤中，防止泄漏。这种织物大多由聚合物制成，因此仍然会产生塑料垃圾，如果只使用几次就丢弃的话，浪费则更加严重。但如果坚持使用多年，就可以减少塑料垃圾的产生。

尽管新产品层出不穷，但行业监管水平不高，因此各种月经产品并不一定可靠。研究发现，世界各地的卫生巾样本都含有一定量的邻苯二甲酸酯和挥发性有机化合物——这些化学物质与癌症、哮喘和激素紊乱相关。2020年，相关人员在大批经期内裤中发现了多氟烷基物质（PFASs），该物质在清洁产品、油漆和防水织物中均有发现，可能会导致癌症，降低生育能力。尽管所含的化学物质剂量很小，并不具有毒性，但反复接触仍然存在安全隐患。因此在选择月经用品时要仔细评估，选择最适合的那一款。

很多人用硅胶月经杯代替一次性卫生棉条和卫生巾。

美容产品

无论是除臭剂、洗发水还是口红，大多数美容产品和个人护理产品都用塑料进行包装。仅个人护理产品的包装行业销售额就接近250亿美元，其中大部分是塑料制品。想想你日常生活中使用的产品，有多少是用塑料包装的？

替代品

在购买美容用品和洗漱用品时，不妨考虑以下准则：

零废物商店或无包装商店通常有散装清洁产品和散装美容产品，你可以将其装在自带的容器里。

- **块状优于液体**。洗发水和沐浴露这样的液体产品需要装在瓶子里，通常用塑料包装。如果改用块状产品（肥皂、洗发水、护发素），就会减少废物产生。此外，块状产品浓度更高，使用寿命更长。

- **自带容器续杯**。无包装商店越来越多，允许购物时自带容器，顾客装好所需的商品后按重量或体积付款。如果你周围有这样的商店，不妨带上美容产品的空瓶去"续杯"。

- **自己制作**。不管是除臭剂、干洗洗发露、唇彩还是浴盐，都可以在网上找到成千上万个配方。从散装商店或无包装商店采购原料后，你就可以根据需要自己制作。

剃须刀

　　不管是处理腿、脸还是胸部的毛发，很多人都会使用剃须刀。据估计，有1.63亿美国人会使用一次性剃须刀。虽然一次性剃须刀刀片是金属做的，但手柄大多由塑料制成，多种材料混合的情况使得剃须刀很难回收利用。知名剃须刀公司吉列推荐消费者每5周换一把新刀片，而一些皮肤科医生从避免细菌滋生的角度，给出更短的更换时间（取决于使用次数）。假设你从十几岁开始刮胡子，每5周换一把，那么你一生要用掉将近700把剃须刀。如果每把剃须刀重10克，那么你将为垃圾填埋场增加7千克的塑料垃圾。

安全剃须刀代替一次性剃须刀

　　安全剃须刀发明于19世纪，曾经是所有剃须刀的首选，因比理发店里使用的剃须刀更好用而得名。安全剃须刀的更换刀片是钢刀片——不含塑料。而且这些刀片非常便宜，平均每个不到40美分。老式安全剃须刀可能是一次性剃须刀最好的替代品，可以使用一辈子。尽管可更换刀片的剃须刀比一次性剃须刀对环境的影响要小，但仍然会产生塑料垃圾，因为刀片由塑料和金属制成，并不像安全剃须刀一样不含塑料。

安全剃须刀不含塑料且价格实惠，是一次性剃须刀的完美替代品。

牙刷

牙刷这一概念大约在公元前3000年就产生了。当时的牙刷叫作"咀嚼棒",将树枝末端磨损后用于摩擦牙齿。鬃毛牙刷与我们今天使用的牙刷相似,直到1498年才在中国问世。鬃毛为猪颈后侧的皮毛,一般将其连接在竹子或骨头的把手上做成牙刷。1938年,塑料尼龙刷毛进入了人们的视线。如今几乎所有的牙刷,无论手动还是电动,都用塑料做成。

人一旦开始长牙,就需要刷牙。美国牙科协会建议我们每三个月更换一次牙刷。每支牙刷平均重20克。

在美国,每年有超过10亿支牙刷被丢弃,排列起来可以绕地球4圈。

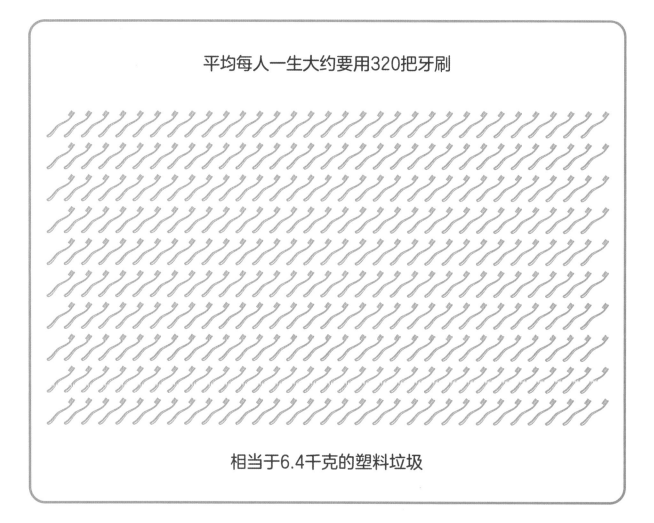

平均每人一生大约要用320把牙刷

相当于6.4千克的塑料垃圾

旅行装洗漱用品

你是否曾在旅行时忘带牙刷，不得不使用酒店提供的牙刷？酒店洗漱用品是浪费的一大源头：肥皂和洗发水通常只用了一半就被扔了。为减少类似的浪费，上海要求酒店停止提供牙刷等一次性用品，除非客户主动要求。如果酒店擅自将一次性用品放在房间里，将被罚款5000元。同样，万豪连锁酒店（Marriott）也已决定停止供应一次性洗漱用品，并采取用完再添的模式。全球有132个国家的7000余家酒店都在实施这一举措，如此一来每年可以为垃圾填埋场减少5亿个塑料瓶——重约771 000千克。

回收计划与可生物降解的牙刷

虽然各个城市都有各自的回收计划，但总的来说牙刷是不可回收的——原因在于牙刷由很多材料组成，刷毛和刷柄熔接在一起，很难分离。不过你还是可以让你的牙刷重获新生，目前高露洁公司和特拉循环（TerraCycle）公司已经达成合作，用户可以把废旧产品免费寄给专门的回收中心，包括手动牙刷、牙刷包装、牙膏管、牙膏盒、牙线容器等，但该项目不包括电动牙刷。此外为了环保起见，你也可以使用竹制牙刷等更易降解的牙刷。不过即便是竹制牙刷，刷毛大多还是用尼龙做成。

听说有树枝能代替牙刷？印楝枝，顾名思义，就是印楝树的树枝，它也可以让你的牙齿如珍珠般洁白。研究表明，正确地用印楝枝带毛的一端刷牙，去除牙菌斑的效果可与牙刷相媲美。而且印楝枝100%可堆肥处理。不过在更换之前，最好事先向牙医咨询，看看是否适合你的口腔。如果使用不当，印楝枝会损害你的牙龈。

香烟

关于环保，我们常常提及一次性塑料袋、一次性吸管、一次性咖啡杯，但不知为何，烟头作为浪费的元凶却无人问津。也许是因为它乍看——如此之小，重约0.17克——不像是塑料做的。不过，事实上香烟尾部的过滤嘴由塑料制成，千真万确。迄今为止，烟头是清理海滩时最常见的垃圾。道路垃圾中，烟头占到20%~50%。

香烟过滤嘴对健康并无益处，最初设计它的目的只是防止吸烟时烟草散落到嘴里。如今过滤嘴成为营销的噱头，给人一种错觉，好像有助于减少吸烟对健康的影响。过滤器由塑料醋酸纤维素制成，和大多数塑料一样，需要很长时间才能降解。

虽然过去几十年吸烟率有所下降，但如今仍然有大把烟民。据估计，全世界11亿烟民每年会吸大约6万亿支香烟，其中约有2/3吸完后随手扔到地上。

一些"老烟枪"一生大概会抽474 500支烟（从成年开始按每天抽20支计算），相当于80.67千克塑料。如果他把2/3的烟头扔到环境中，将产生53.78千克垃圾。

烟头是全世界海滩上收集到的最多的垃圾。

电子烟兴起

随着电子烟的出现，越来越多的人正在尝试用电子烟来代替传统香烟。有人可能会以为这样一来便可减少垃圾烟头，但实际上这反而创造了一种新的环境污染源。塑料烟头随手乱扔，而电子烟的电池则成了新的电子垃圾。

香烟对环境的伤害一如吸烟对我们身体的伤害。香烟中含有重金属以及数千种不同的化学物质，烟头被雨水浸泡时，这些金属和化学物质会渗透到环境中。在受控的实验室环境中，研究人员把鱼放置在烟头的渗滤液里，发现单个烟头的渗滤液即可杀死半数的鱼——这项测试结果被称为"半数致死量"。

LD_{50}，即半数致死剂量，是毒理学研究中常用的测量方法，形容某一物质的剂量会导致 50% 的受测对象死亡。这种测量方法一般用来量化毒素的效果。

废弃塑料打火机是吸烟引发的另一塑料问题，2016年中途岛清理运动中发现了540只塑料打火机。

审计短期使用的一次性塑料

阅读本章后，想来你已经知道，即使是看似渺小的塑料，如果以一生为限度，也会产生大量的塑料垃圾。我们所提供的数据仅仅基于平均值，可能你的日常习惯与平均数据并不一致。如果你想更好地了解你自己的塑料足迹，不妨做一个为期一周的塑料垃圾审计。

大多数一次性个人防护设备由塑料制成，如口罩和手套。丢弃后可能会进入下水道，给水路系统和污水处理厂带来额外的压力。

塑料与病毒

部分病毒可以通过感染者口鼻中的飞沫传播（传播形式包括咳嗽、说话、呼吸、打喷嚏等）。个人防护装备是避免传播的一种保护手段，大多数个人防护装备（包括口罩和手套）都是塑料做的。世界野生动物基金会报告预测，即便只有1%的口罩不按规定处理，每个月仍然会有多达1000万个口罩对环境造成污染。一个口罩重约4克，意味着每年环境中会增加48万千克塑料。

感染者的飞沫落在物体表面，其中的病毒可以存活几小时到几天不等。《新英格兰医学杂志》研究发现位于铜上的病毒可在4个小时内检测出来，硬纸板的时长为24小时，不锈钢和塑料为2 ~ 3天。《临床感染杂志》上发表的另一项研究发现，某些病毒可以在塑料上存活9天。令人意外的是，研究结果一出，一次性塑料的使用量恐慌式上升。在美国，许多一次性塑料袋禁令突然喊停，杂货店也开始禁止顾客携带可重复使用的袋子。

与此同时，塑料产业及化石燃料行业的说

客一直在歪曲研究结果，并利用人们对病毒的恐惧来进行创收。根据《卫报》发表的一篇文章，上述研究发表几天后，塑料工业协会敦促美国卫生与公众服务部表态，支持一次性塑料的使用，并声称"多次研究"均发现可重复使用的塑料袋存在健康风险。但值得注意的是，以上两项研究都并未对可重复使用的塑料袋进行测试。

如果你下次和家人开车去购物，恰好杂货店不允许使用可重复使用的袋子，你可以把它们留在车里，结完账后再到停车场进行打包。此外，请务必在每次购物回家后清洗你的购物袋。需要注意的是，在任何情况下，良好的卫生习惯永远是抵抗病毒的最佳助手：勤用肥皂和清水洗手，时间不少于20秒，避免用手摸脸。

部分民众通过一次性防护用品保护自己。

塑料垃圾审计

塑料垃圾审计是一种清单式的记录，记录你在特定时期内扔掉一次性塑料的数量。由此，你可以算出一年甚至一生中所丢弃的塑料垃圾。要想审计准确，关键在于认真记录扔掉的每一件塑料，在审计时按照常规习惯统计，不要刻意改变。

一周时间里，试着记录下你扔掉的每一件塑料制品，无论记录在随身携带的笔记本上还是手机上都可以。记录时还可以试着给垃圾分类，这样统计起来更加直观。以本章中提到的物品为分类标准，你的审计表大概就如下表所示：

物品	每周使用数量	每年使用数量
吸管	2	104
包	3	156
咖啡胶囊	6	312
塑料杯	1	52
外卖盒	2	104
蛤壳式包装	5	260
口香糖（包）	1	52
卫生棉条	23	276

一周的审计工作结束后，将物品数量乘以52，就能得出一年份的物品数量。对于卫生棉条、卫生巾这些一个月只使用一次的，只需乘以12。

至此你的审计工作还未结束，还需要再列一个清单。内容是那些使用超过一周的塑料物品，包括瓶装调味品、瓶装清洁用品、海绵、洗发水、化妆品、牙刷、剃须刀等等。本质上是那些打算使用几周或几个月，等全部"用完"后再扔的塑料物品。如果毫无头绪，不妨搜寻家里的每处角落，留意身边有哪些塑料物品。完成第二份清单后，计算每件物品的年使用量。

一旦有了这两份清单，你就会逐渐意识到自己每年会因为生活习惯产生多少塑料垃圾。而且你的余生还会制造更多，所以我们现在迫切需要花点时间，好好思考这一切。

- 你的塑料垃圾在全球所有的垃圾中占了多少比重？
- 你对自己的生活习惯所产生的塑料垃圾数量还满意吗？
- 你眼下能做出什么小改变来减少你的塑料足迹？
- 又有哪些改变较难实现？原因是什么？有什么方法可以化解吗？

审计的目的不是让你对自己使用过多少含塑料的物品感到内疚，而是帮助你了解大部分塑料消费的来源，并批判性地审视自己的消费习惯。从此刻开始，你可以选择改变自己的习惯，以余生为期限采取有效的措施来减少你的塑料足迹。

第六章

塑料的未来

从 提取、制造到处理，本书探索了塑料从"生"到"死"的每个阶段，对我们身处的蓝色星球究竟有何影响。本章将向你介绍一些对抗塑料污染的主要解决方案，希望你能坚定不移地对污染说"不"。

迎接无塑料污染的未来

以下是本书的重头戏：

- **少用为主，回收为辅**。如何减少塑料足迹，首先考虑的应该是减少消耗。三思而后买，尽可能选择包装较少的商品，多去实体店，少网上购物。尽管回收也是减少废物的方法，但效果还是有限。

（左图）该作品名为"摩天大楼"或"布鲁日鲸"，2018年由建筑设计公司（StudioKCA）为布鲁日三年展设计。这座鲸鱼雕像由夏威夷收集的5吨太平洋塑料垃圾制成，目的在于提高人们对海洋中塑料垃圾问题的认识。

- **正确选择替代品。**日常生活中寻找塑料的替代品时，确保选择的是优质替代品。有些看起来更符合可持续原则，但事实并非如此，所以要多研究。如果不能确定，不如买二手物品，能从朋友那里借到更好。

- **学会高瞻远瞩。**我们很少会看到垃圾的全貌。对于塑料包装，通常只是丢弃然后遗忘。本书的目的在于，带你了解时间的广度会让看似渺小的垃圾变成如何庞大的存在。每年对塑料垃圾进行几次审计，你可能会发现日常习惯上的小改变日积月累会给塑料足迹带来巨大变化。

- **注意化石燃料。**化石燃料与塑料有着不可分割的联系。99%的塑料由化石燃料制成。因此我们不仅要考虑塑料垃圾产生的污染，还要考虑开采燃料和生产塑料时的排放。如果政府和其他机构能减少它们在煤炭、石油和天然气领域投入的经费，势必

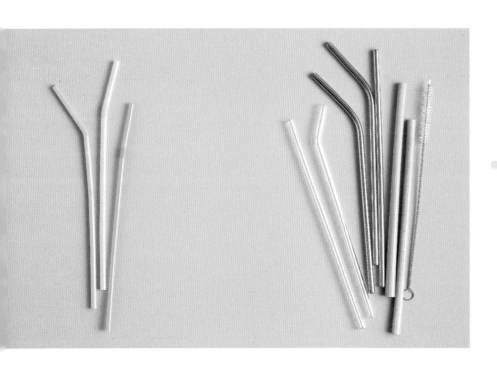

为了改善环境而改变习惯时，请务必记得全面分析塑料替代品的优缺点。

会对塑料污染问题产生深远影响。世界各地的数百个机构，包括大学、宗教组织和养老基金组织，已经放弃使用化石燃料。你可以尝试向其他与化石燃料行业有关的机构提建议，敦促它们一同做出改变。

- **规范、监督、参与。**只有当机构以人民利益为先，与社区通力合作，并辅以有效的监督机制，大规模的解决方案才能行之有效。在全球范围内，社区对政府的努力多有不满，开始扮演公民科学家的角色，监督方案是否有效实施，发现方案中的不足，并提出完善的方案。如果你也觉得自己的政府需要加大投入力度，缺乏监督，可以提出自己的建议，也可以推举邻里的有才之人加入监督的行列。

- **企业的社会责任感**。企业需要为自己在塑料危机中的所作所为负责。塑料对于企业而言是一种廉价的材料，因为生产过程中和使用寿命结束时产生的影响并不算在代价内。如果公司需要承担这部分代价，可能就会更合理地利用塑料。你可以利用社交媒体平台，呼吁人们关注企业的社会责任感问题。如果街上的垃圾带有品牌标识，你可以拍照发文并以品牌名称为话题。绿色和平组织（Greenpeace）建议使用"这是你们公司的产品吗？"这一话题，敦促各品牌为自己的垃圾负责。

- **创新**。从海上垃圾桶到菌丝体制成的容器，过去的成功不断表明，创新能力和解决问题能力是人之为人的原因之一。人类的创意层出不穷，也势必会不断涌现出新的塑料垃圾解决方案。如果你留意到有新生代组织在这方面做得很好，可以向其表示支持，不论是经济上的资助，还是单纯与他人分享它们的创意，都难能可贵。

- **参与集体行动**。个人的努力固然重要，但唯有携手并进才能聚沙成塔。其中的关键在于寻找可以大规模实施的解决方案。不知从何入手？不妨加入社区中现有的环保社团和组织，其成员很有可能在当地企业或政府工作，可以提供相关帮助。

2019年6月26日，"只争朝夕"示威游行中，数千名抗议者聚集在英国议会附近的街道上，要求政府对气候变化采取行动。

有理由心怀希望

看完本书，你可能会担心人类文明永远无法摆脱堆积如山的塑料垃圾。诚然，现实的种种让人不知所措，但也有不少成功案例为我们点燃希望的火苗。让我们看看环保之路上的正面事迹，这些故事展示了集体行动的巨大力量。

一头座头鲸正和幼鲸在太平洋上巡游。

鲸鱼，欢迎回家！

19世纪和20世纪，人们将座头鲸捕杀到几近灭绝的地步。而如今，它们的数量正以创纪录的速度迅速回升，这在很大程度上归功于全球禁止捕鲸的努力。1985年，国际捕鲸委员会全面禁止商业捕鲸，该禁令直到今天还在实施。

向空气污染宣战

自2013年中国"向污染宣战"以来，中国城市和农村地区的细颗粒物浓度降低了32%，极大地改善了市民的生活。这种变化是政策得到强有力执行和监管的结果。

修复臭氧层空洞

1985年，我们发现了臭氧层空洞。臭氧层是地球和太阳之间的重要气体层，保护我们免受紫外线辐射。科学家发现，人类所制造的化学物质，特别是那些存在于发胶和鲜奶油等喷雾罐中的氯氟烃（CFCs），是造成臭氧层空洞的罪魁祸首。

1987年，联合国197个国家共同签署了《蒙特利尔议定书》（*Montreal Protocol*），旨在逐步淘汰对臭氧层有害的化学物质的使用。如今，臭氧层空洞已经大幅缩小，预计到2060年将完全复原。

重构塑料足迹

　　想必你已经对塑料从"生"到"死"每个阶段的影响有了更深刻的理解。你应该也已经明白，随着时间的推移，日常的生活习惯会产生大量的塑料垃圾。因此，现在是时候重构你的塑料足迹了。思考一下，你愿意为了减少塑料垃圾做出哪些改变呢？在脑海中构思出属于自己的计划，这只是改变的第一步，严格遵守计划并不是一件容易的事。接下来我们将给出一些建议，帮助你更好地坚守立下的目标。

迈出第一步

　　不要纠结于计划是否万无一失，敢于迈出第一步才是关键。

与朋友和家人一起组织清理活动不失为一个好方法，可以改善当地的生态系统，有效地防止垃圾进入水路系统。

你有没有注意到，一旦开始某项任务，你的大脑就会不停督促你前进，直到完成任务？这就是"蔡格尼克效应（Zeigarnik Effect）"，人们倾向于对未完成的任务更为重视。勇敢地迈出第一步，你就会发现这种心理现象会成为你的动力，不断推动你遵守计划行动，直到你认为自己已经达到目标为止。

游戏心态

秉持游戏心态是养成长期行为习惯的强大动力。我们更倾向于参加自己喜欢的活动，这是尽人皆知的常识。所以不妨让你的环保目标变得更有趣！逛一逛最爱的海滩，下水游泳前捡拾一下塑料垃圾。记录自己一周内产生的垃圾数，看看自己下周能不能做到产生更少垃圾。也可以和好朋友一起上缝纫课，学习如何延长你最喜欢的牛仔裤和衬衫的寿命。

居安思危

保持乐观的心态固然重要，也要考虑到成功的阻碍。举个例子：一项研究以试图戒烟的210名女性为对象，进行了一次实验。第一组被要求只能想象自己一定成功，而第二组则需要考虑她们可能面临的障碍，以及如何进行克服。结果显示，第二组女性戒烟的成功率高于第一组，这就是所谓的"心理对比原则"。

以上技巧同样可以用来减少塑料足迹。比方说，去咖啡店时忘带可重复使用的杯子了，你要如何应对？如果餐馆里有人递给你一根吸管，又要如何应对？

同伴压力

有时候，适当的同伴压力可能是件好事。找一个"环保"搭档，确立一个共同的环保目标，一起承担挑战，互相帮扶。

每块塑料都很重要

要在一夜之间就把塑料足迹降低为零并不现实——这一切需要时间。每次拒绝一次性塑料，都相当于从垃圾填埋场转移一件垃圾。每从海滩上捡起一块垃圾，都相当于阻止它进入海洋伤害动物。有时你可能偏离了理想中那种无塑料污染的生活方式，但也请容许自己犯错。我们经常会偏离目标，但请铭记，如果每个人都能尽自己的一份力来减少塑料垃圾，就算不是十全十美，也好过只有少数人以完美的姿态努力着。

从小事做起，自带可重复使用的杯子和手提袋。随着时间推移，星星之火，也可以燎原。

欢迎分享本书

感谢你阅读《塑料的足迹》这本书。我们希望读完本书后的你对于如何减少塑料足迹有所收获。如果觉得本书还算有帮助，不妨推荐或转发给你的朋友。如果能有更多的人认识到塑料污染问题，并懂得如何应对，这个世界将更加美好。

参考文献

引言

Jambeck, J. R., Geyer, R., Wilcox, C., Siegler, T. R., Perryman, M., Andrady, A., Narayan, R., & Law, L. R. (2015). Plastic waste inputs from land into the ocean. Science, 347(6223), 768–771.

第一章 塑料概况

Anderson, D. W., Gress, F., & Fry, D. M. (1996). Survival and dispersal of oiled brown pelicans after rehabilitation and release. *Marine Pollution Bulletin, 32*(10), 711–718.

Center for International Environmental Law. (2019). *Plastic & climate: The hidden costs of a plastic planet.*

Chang, S. E., Stone, J., Demes, K., & Piscit elli, M. (2014). Consequences of oil spills: A review and framework for informing planning. *Ecology and Society, 19*(2), 26.

Geyer, R., Jambeck, J. R., & Law, K. L. (2017). Production, use, and fate of all plastics ever made. *Science Advances, 3*(7), e1700782.

Horan, T. S., Pulcastro, H., Lawson, C., Gerona, R. Martin, S. Gieske, M. C., Sartain, C. V., & Hunt, P. A. (2018). Replacement bisphenols adversely affect mouse gametogenesis with consequences for subsequent generations. *Cell, 28*(18), 2948–2954.

Howarth, R. (2019). Ideas and perspectives: Is shale gas a major driver of recent increase in global atmospheric methane? *Biogeosciences, 16*(15), 3033–3046.

Nuka Research and Planning Group, LLC. (2015). *Technical analysis of oil spill response capabilities and limitations for trans mountain expansion project.*

第二章 塑料难题

Brahney, J., Hallerud, M., Heim, E., Hahnenberger, M., & Sukumaran, S. (2020). Plastic rain in protected areas of the United States. *Science, 368*(6496), 1257–1260.

Brophy, J. T., Keith, M. M., Watterson, A., Park, R., Gilbertson, M., Maticka-Tyndale, E., Beck, M., Abu-Zahra, H, Schneider, K., Reinhartz, A., DeMatteo, R., & Luginaah, I. (2012). Breast cancer risk in relation to occupations with exposure to carcinogens and endocrine disruptors: A Canadian case-control study. *Environmental Health, 11*(87).

Choy, C. A., Robinson, B. H., Gagne, T. O., Erwin, B., Firl, E., Halden, R. U., Hamilton, J. A., Katija, K., Lisin, S. E., Rolsky, C., & Van Houtan, K. S. (2019). The vertical distribution and biological transport of marine microplastics across the epipelagic and mesopelagic water column. *Scientific Reports, 9*(7843).

GESAMP. (2015). *Sources, fate and effects of microplastics in the marine environment: a global assessment.* London: International Maritime Organization.

Gestoso, I., Cacabelos, E., Ramalhosa, P., & Canning-Clode, J. (2019). Plasticrusts: A new potential threat in the Anthropocene's rocky shores. *Science of the Total Environment, 687*, 413–415.

Geyer, R., Jambeck, J. R., & Law, K. L. (2017). Production, use, and fate of all plastics ever made. *Science Advances, 3*(7), e1700782.

Gordon, D., Brandt, A., Bergerson, J., & Koomey, J. (2015). *Know your oil: Creating a global oil-climate index*. Washington: Carnegie Endowment for International Peace.

Gove, J. M., Whitney, J. L., McManus, M. A., Lecky, J., Carvalho, F. C., Lynch, J. M., Li, J., Neubauer, P., Smith, K. A., Phipps, J. E., Kobayashi, D. R., Balagso, K. B., Contreras, E. A., Manuel, M. E., Merrifield, M. A., Polovina, J. J., Asner, G. P., Maynard, J. A., & Williams, G. J. (2019). Prey-size plastics are invading larval fish nurseries. *PNAS, 116*(48), 24143–24149.

Gustavsson, J., Cederberg, C., & Sonesson, U. (2011). *Global food losses and food waste*. Rome: Food and Agriculture Organization of the United Nations.

Jamieson, A. J., Brooks, L. S. R., Reid, W. D. K., Piertney, S. B., Narayanaswamy, B. E., & Linley, T. D. (2019). Microplastics and synthetic particles ingested by deep-sea amphipods in six of the deepest marine ecosystems on Earth. *Royal Society Open Science, 6*(2).

Lavers, J. L., Dicks, L., Dicks, M. R., & Finger, A. (2019). Significant plastic accumulation on the Cocos (Keeling) Islands, Australia. *Scientific Reports, 9*(7102).

Lebreton, L., Slat, B., Ferrari, F., Sainte-Rose, B., Aitken, J., Marthouse, R., Hajbane, S., Cunsolo, S., Schwarz, A., Levivier, A., Noble, K., Debeljak, P., Maral, H., Schoeneich-Argent, R., Brambini, R., & Reisser, J. (2018). Evidence that the Great Pacific Garbage Patch is rapidly accumulating plastic. *Scientific Reports, 8*(1).

Masson-Delmotte, V., Zhai, P., Pörtner, H. O., Roberts, D., Skea, J., Shukla, P. R., Pirani, A., Moufouma-Okia, W., Péan, C., Pidcock, R., Connors, S., Matthews, J. B. R., Chen, Y., Zhou, X., Gomis, M. I., Lonnoy, E., Maycock, T., Tignor, M., & Waterfield, T. (2018). *Global warming of 1.5℃. An IPCC Special Report on the impacts of global warming of 1.5℃ above pre-industrial levels and related global greenhouse gas emission pathways, in the context of strengthening the global response to the threat of climate change, sustainable development, and efforts to eradicate poverty*. IPCC (2016). Marine plastic debris emits a keystone infochemical for olfactory foraging seabirds. *Science Advances, 2*(11).

Shen, M., Ye, S., Zeng, G., Zhang, G., Xing, L., Tang, W., Wen, X., & Liu, S. (2020). Can microplastics pose a threat to ocean carbon sequestration? *Marine Pollution Bulletin, 150*, 110712.

Wilcox, C., Puckridge, M., Schuyler, Q. A., Townsend, K., & Hardesty, B. D. (2018). A quantitative analysis linking sea turtle mortality and plastic debris ingestion. *Scientific Reports, 8*(12536).

Wilcox, C., Van Sebille, E., & Hardesty, B. D. (2015). Threat of plastic pollution to seabirds is global, pervasive, and increasing. *PNAS, 113*(4).

Zheng, J., & Suh, S. (2019). Strategies to reduce the global carbon footprint of plastics. *Nature Climate Change, 9*, 374–378.

第三章　解决塑料难题

International Coastal Cleanup & Ocean Conservancy. (2019). *The beach and beyond: 2019 report*. Washington: Ocean Conservancy.

McKeown, P., Román-Ramírez, L. A., Bates, S., Wood, J., & Jones, M. D. (2019). Zinc complexes for PLA formation and chemical recycling: Towards a circular economy. *ChemSusChem*, *12*(24), 5233–5238.

Napper, I. E., & Thompson, R. C. (2019). Environmental deterioration of biodegradable, oxo-biodegradable, compostable, and conventional plastic carrier bags in the sea, soil, and open-air over a 3-year period. *Environmental Science and Technology*, *53*(9), 4775–4783.

Thomas, K., Dorey, C., & Obaidullah, F. (2019). *Ghost gear: The abandoned fishing nets haunting our oceans*. Hamburg: Greenpeace Germany.

Tournier, V., Topham, C. M., Gilles, A., David, B., Folgoas, C., Moya-Leclair, E., Kamionka, E., Desrousseaux, M. L., Texier, H., Gavalda, S., Cot, M., Guémard, E., Dalibey, M., Nomme, J., Cioci, G., Barbe, S., Chateau, M., André, I., Duquesne, S., & Marty, A. (2020). An engineered PET depolymerase to break down and recycle plastic bottles. *Nature*, *580*, 216–219.

United Nations Environment Programme. (2015) *Global waste management outlook*. UNEP.

United Nations Environment Programme. (2018). *Single-use plastics: A roadmap for sustainability*. UNEP.

Winterich, K. P., Nenkov, G. Y., & Gonzales, G. E. (2019). Knowing what it makes: How product transformation salience increases recycling. *Journal of Marketing*, *83*(4), 21–37.

World Economic Forum, Ellen MacArthur Foundation, and McKinsey & Company. (2016). *The new plastics economy: Rethinking the future of plastics*. Ellen MacArthur Foundation.

Yoshida, S., Hiraga, K., Takehana, T., Taniguchi, I., Yamaji, H., Maeda, Y., Toyohara, K., Miyamoto, K., Kimura, Y., & Oda, K. (2016). A bacterium that degrades and assimilates poly(ethylene terephthalate). *Science*, *351*(6278), 1196–1199.

第四章　长期使用的塑料

de Saxcé, M., Pesnel, S., & Perwuelz, A. (2012). LCA of bed sheets - Some relevant parameters for lifetime assessment. *Journal of Cleaner Production*, *37*, 221–228.

Dauch, C., Imwalle, M., Ocasio, B., & Metz, A. (2017). The influence of the number of toys in the environment on toddlers play. *Infant Behavior and Development*, *50*, 78–87.

Masili, M., & Ventura, L. (2016). Equivalence between solar irradiance and solar simulators in aging tests of sunglasses. *BioMedical Engineering OnLine*, *15*, 86.

Napper, I. E., & Thompson, R. C. (2016). Release of synthetic microplastic plastic fibres from domestic washing machines: Effects of fabric type and washing conditions. *Marine Pollution Bulletin*, *112*(1), 39–45.

The Platform for Accelerating the Circular Economy (PACE). (2019). *A new circular vison for electronics: Time for a global reboot*. Geneva: World Economic Forum.

Prakash, S., Liu, R., Schishke, K., & Stobbe, L. (2012). Timely replacement of a notebook under consideration of environmental aspects. *Umweltbundesamt*, *45*.

第五章 短期使用的一次性塑料

Ahmed, S., & Gotoh, K. (2005). Impact of banning polythene bags on floods of Dhaka City by applying CVM and remote sensing. DOI: 10.1109/IGARSS.2005.1525403.

Alliance for Environmental Innovation. (2000). *Report of the Starbucks Coffee Company/ Alliance for Environmental Innovation Joint Task Force*. Boston: Alliance for Environmental Innovation.

Damgaard, A., Bisinella, V., Albizzati, P., & Astrup, T. (2018). *Life Cycle Assessment of grocery carrier bags. The Danish Environmental Protection Agency*. Copenhagen: The Danish Environmental Protection Agency.

Heard, B. R., Bandekar, M., Vassar, B., & Miller, S. A. (2019). Comparison of life cycle environmental impacts from meal kits and grocery store meals. *Resources, Conservation and Recycling, 147*, 189–200.

Hernandez, L. M., Xu, E. G., Larsson, H. C. E., Tahara, R., Maisuria, V. B., & Tufenkji, N. (2019). Plastic teabags release billions of microparticles and nanoparticles into tea. *Environmental Science & Technology, 53*(21), 12300–12310.

Kampf, G., Todt, D., Pfaender, S., & Steinmann, E. (2020). Persistence of coronaviruses on inanimate surfaces and their inactivation with biocidal agents. *The Journal of Hospital Infection, 104*(3), 246–251.

Kögela, T., Bjorøy, Ø., Toto, B., Bienfait, A. M., & Sandena, M. (2020). Micro- and nanoplastic toxicity on aquatic life: Determining factors. *Science of The Total Environment, 709*, 136050.

Lusher, A. L., McHugh, M., & Thompson, R. C. (2013). Occurrence of microplastics in the gastrointestinal tract of pelagic and demersal fish from the English Channel, *Marine Pollution Bulletin, 67*(1–2), 94–99.

McVeigh, K. (2020, March 27). Rightwing thinktanks use fear of Covid-19 to fight bans on plastic bags. *The Guardian*. Retrieved June 8, 2020.

Omar, H. A., Aggarwal, S., & Perkins, K. C. (1998). Tampon use in young women. *Journal of Pediatric and Adolescent Gynecology, 11*(3), 143–146.

Schmid, A. G., Mendoza, J. M. F., & Adisa, A. (2018). Environmental impacts of takeaway food containers. *Journal of Cleaner Production, 211*, 417–427.

Schwab, K. (2018). For online retailers, packaging is all about economics. *Marketplace*.

Senathirajah, K., & Palanismai, T. (2019). How much microplastics are we ingesting?: Estimation of the mass of microplastics ingested. *University of Newcastle Australia News* website.

Sharma, A., Sankhla, B., Parkar, S. M., Hongal, S., Thanveer, K., & Ajithkrishnan, C.G. (2014) Effect of traditionally used neem and babool chewing stick (datun) on streptococcus mutans: An in-vitro study. *Journal of Clinical & Diagnostic Research, 8*(7): ZC15-ZC17.

Tolbert, M., & Koscielak, K. (2018). *HSU straw analysis*. Project for ENGR308, Humboldt State University Sustainability Office.

Van Cauwenberghe, L., & Janssen, C. R. (2014). Microplastics in bivalves cultured for human consumption. *Environmental Pollution, 193*, 65–70.

van Doremalen, N., Bushmaker, T., Morris, D.H., Holbrook, M.G., Gamble, A., Williamson,

B.N., Tamin, A., Harcourt, J.L., Thornburg, N.J., Gerber, S.I., Lloyd-Smith, J.O., de Wit, E., & Munster, V.J. (2020). Aerosol and Surface Stability of SARS-CoV-2 as Compared with SARS-CoV-1. *New England Journal of Medicine*.

Weideli, D. (2013). *Environmental analysis of U.S. online shopping*. Cambridge: MIT Center for Transportation and Logistics.

第六章　塑料的未来

Oettingen, G., Mayer, D., & Thorpe, J. (2010) Self-regulation of commitment to reduce cigarette consumption: Mental contrasting of future with reality, *Psychology & Health*, *25*(8), 961–977.

致谢

这本书是在多个部族的传统领土上书写完成的，这些部族包括克莱迪特的密西沙加族、阿尼什纳贝格族、奇佩瓦族、豪登诺尼族和休伦–温达族。

成书期间，还要照顾我那新生的孩子，如果没有我的丈夫法希姆·卡卡尔（Fahim Kakar）、我的父母露西·格罗塞克-绍特（Lucy Groszek-Salt）和罗伯特·绍特（Robert Salt），以及我的编辑朱莉·高崎（Julie Takasaki），就不可能有这本书。我永远感激他们。此外还要感谢哈特利·米尔森（Hartley Millson）的精美设计和罗尼·舒克（Ronnie Shuker）的细心编辑。

图书在版编目（CIP）数据

塑料的足迹：塑料对现代生活的影响 /（加）雷切尔·索尔特（Rachel Salt）著；吴健译 . —北京：中国轻工业出版社，2024.5

ISBN 978-7-5184-4596-7

Ⅰ . ①塑… Ⅱ . ①雷… ②吴… Ⅲ . ①塑料制品—关系—环境保护—普及读物 Ⅳ . ①X-49

中国国家版本馆CIP数据核字（2023）第209404号

审 图 号：GS京（2024）0301号

责任编辑：江 娟　　封面插画：王超男

文字编辑：杨 璐　　责任终审：劳国强　　设计制作：锋尚设计

策划编辑：江 娟　　责任校对：朱燕春　　责任监印：张京华

出版发行：中国轻工业出版社（北京鲁谷东街5号，邮编：100040）

印　　刷：鸿博昊天科技有限公司

经　　销：各地新华书店

版　　次：2024年5月第1版第1次印刷

开　　本：889×1194　1/16　印张：9.5

字　　数：100千字

书　　号：ISBN 978-7-5184-4596-7　定价：68.00元

邮购电话：010-85119873

发行电话：010-85119832　010-85119912

网　　址：http://www.chlip.com.cn

Email：club@chlip.com.cn

200701E6X101ZYW